娃娃微縮
場景與擺設
製作手冊

Miniature Sen Hana

深津千惠子

Contents

前　言

本書的內容概念為與娃娃同樂，收錄了「袖珍微縮娃娃屋」的各種元素。另外，書中內容可歸納出 4 大重點。

〈重點 1〉一份創作激發 2 次、3 次的樂趣。

不用傳統的娃娃屋作法，而著重於建築和家具的製作巧思。例如：窗框可以從牆面拆除，所以製作各種顏色的窗框，還可依拍照場景替換。另外，門也可以從牆面拆卸，替換成格狀玻璃風格的塑膠板。連隔間屏風霧面玻璃風的塑膠板都可依季節替換，增添趣味。另外，桌子、窗下收納家具的頂板，都可以製作成方便替換的設計，所以還可隨著娃娃的風格搭配，樂趣無窮！

〈重點 2〉收納簡單、搬運方便。

除了娃娃屋的牆面和地面，還可從微縮模型作品的基底拆卸軟木材質的洞窟和岩壁。一般的微縮模型大多直接用黏膠固定在基底，一旦作品較高就難以收納，所以我們採用的方法是用看似岩石的樹皮碎屑和 MDF 板材製作成洞窟和岩壁。因此，尺寸較大的微縮模型作品仍可輕鬆搬運到攝影會場。

〈重點 3〉跳脫複雜的理論，令人開心"完成！"。

各位是不是想在作品放 LED 燈，但又覺得難度太高，本書將告訴大家一個好方法。如果只是單純的點亮，不但不需要深奧的配線理論，也不需要電烙鐵的作業。用最原始的方法，利用提燈點亮。但是，這個原始的方法也可能出現接觸不良的情況，所以等大家習慣作業後，請慢慢嘗試挑戰附開關的電源作法，或是檯燈。單一件 LED 的擺設就可以讓整體氛圍轉變，也能創造更多樣的攝影場景。請大家先從原始的方法，開心「完成！點亮！」

〈重點 4〉讓人沉浸於「擬物」的樂趣。

本書也有收錄利用環氧樹脂和蠟燭的原型作法，不過也介紹了簡易好做的娃娃家具和擺設的作法。這是利用「擬物」的巧思。例如：只將螺絲類物件組合在一起，就有了椅子的雛型，只要將金屬部件黏合，就成了一件小家飾。不論哪一種材料都可在手工藝品店購得，所以請大家參考本書介紹的內容，同時發揮大腦的想像力，看看哪一種部件可發想成哪一種小物，從中感受另一種樂趣。

希望本書能為各位購買的讀者帶來一段開心的時光，
與娃娃共同遨遊在迷你的小小世界。
最後在此由衷感謝協助本書出版的各界人士，謝謝大家。

＊Miniature Sen Hana＊
深津千惠子

魔法之屋
Magic room

Model：Alvastaria　Neil、Meryl
©2019 AZONE INTERNATIONAL

Model：Alvastaria　Neil
©2019 AZONE INTERNATIONAL

Model：Alvastaria　Meryl
©2019 AZONE INTERNATIONAL

Model：momoko
momoko™ ©PetWORKs Co., Ltd.

Model：Alvastaria　Meryl
©2019 AZONE INTERNATIONAL

女孩之屋
Girl's room

Model：momoko
momoko™ ©PetWORKs Co., Ltd.

13

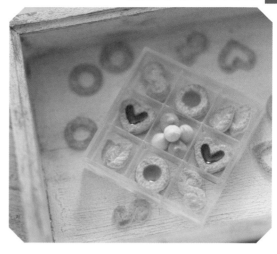

Model：Alvastaria　Meryl
靴子、褲裙套裝：PetWORKs
©2019 AZONE INTERNATIONAL

Model：momoko
momoko™ ©PetWORKs Co., Ltd.

Model：Alvastaria　Meryl
靴子、褲裙套裝：PetWORKs
©2019 AZONE INTERNATIONAL

Model：Alvastaria　Neil、Meryl
©2019 AZONE INTERNATIONAL

男孩之屋
Boy's room

Model：六分之一男子圖鑑　EIGHT
六分之一男子圖鑑©PetWORKs Co., Ltd.

Model：Alvastaria　Neil
©2019 AZONE INTERNATIONAL

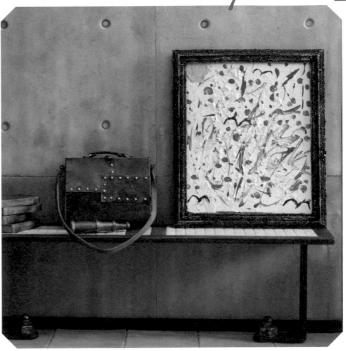

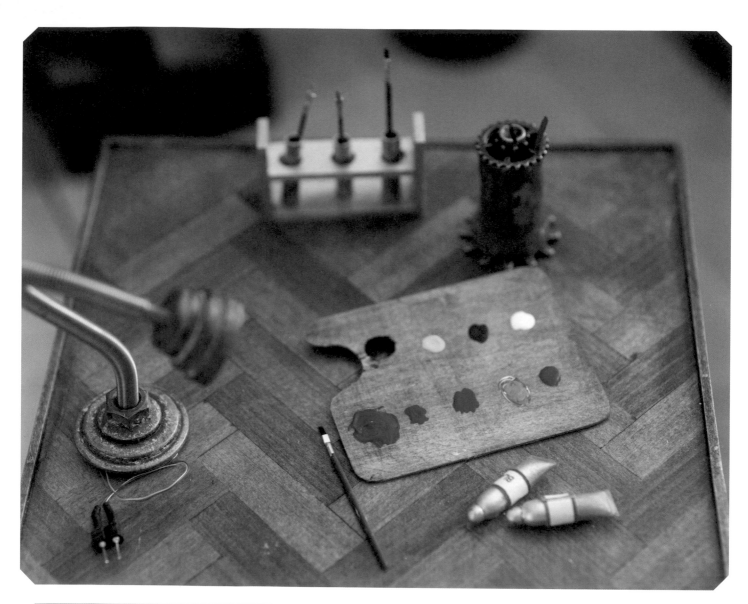

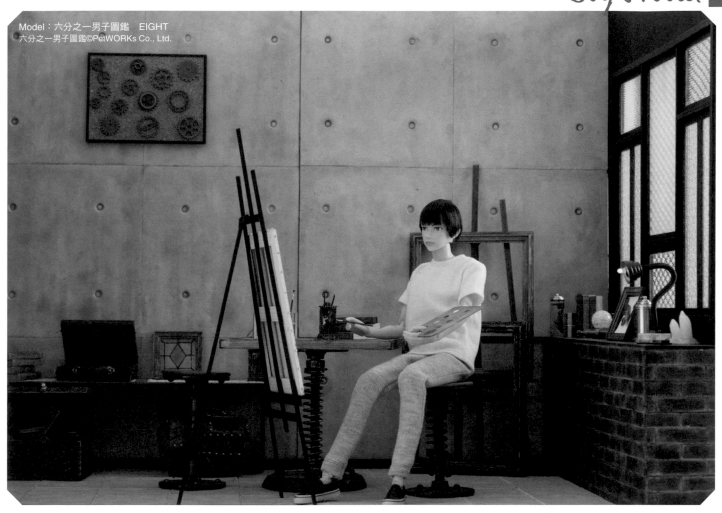

Model：六分之一男子圖鑑　EIGHT
六分之一男子圖鑑©PetWORKs Co., Ltd.

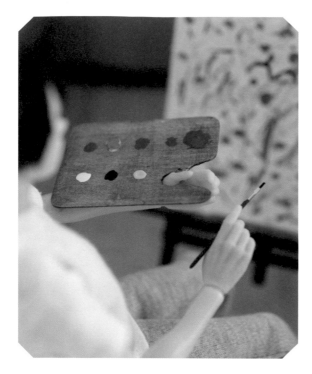

Model：六分之一男子圖鑑　EIGHT
六分之一男子圖鑑©PetWORKs Co., Ltd.

Model：momoko
毛衣、牛仔褲：AZONE INTERNATIONAL
momoko™ ©PetWORKs Co., Ltd.

冒險之屋
Adventure room

Model：黏土娃　愛麗絲、白兔
© GOOD SMILE COMPANY

Model：黏土娃　愛麗絲、白兔
© GOOD SMILE COMPANY

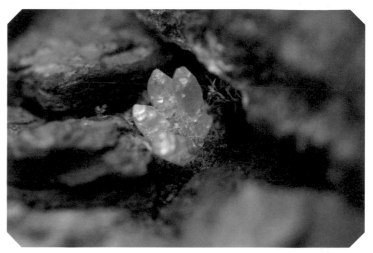

Model：Alvastaria　Neil、Meryl
©2019 AZONE INTERNATIONAL

Model：Alvastaria　Neil、Meryl
©2019 AZONE INTERNATIONAL

Model：Alvastaria　Neil、Meryl
©2019 AZONE INTERNATIONAL

基本課程

從本頁開始我們將實際動手製作。
在製作各項作品前，先一起來學習基本課程。

基本工具和材料

這邊將介紹創作時所需的工具和有助於作業順利的用品。

基本工具

筆記用品……用於製圖、標記和註記。除了自動筆，備有油性筆也會很方便。

刀片……小物件或細微之處使用筆刀，大物件使用美工刀。

剪刀……用於裁剪小物件和剪紙，準備一般大小的就很方便。

切割墊……有方眼的設計比較好用，如果還備有耐熱的玻璃墊會更方便。

定規尺……附有尺擋的比較好用，有水平尺更好。

紙膠帶……用於暫時固定、固定作品、避免被塗料沾染，最好備有大小尺寸。

精密電子秤……用於測量膠類或流動型的矽膠，建議使用可測量到 0.1g 單位的電子秤。

工具類

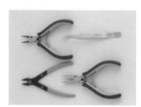

鉗子……最好備有斜口鉗、圓嘴鉗、老虎鉗、鑷子等。

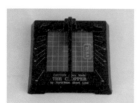

模型切割器……方便裁切塑膠板或檜木，還可裁切成 45 度角。

手動打孔鑽……可以鑽出 1～3mm 的開孔。如果有手鑽更好。

打孔器……在紙張、皮革打出圓孔。如果約 0.1mm 的開孔，也可在塑膠板和金屬板打出。

切管器……方便切割銅或黃銅等金屬管。

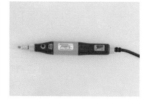

工藝修邊刀……方便在有厚度的板材開孔，還可打磨銅板。

磨砂紙&紙架……可保持 90 度或 45 度角磨砂。

工藝用熱風槍……加熱後便於戳破膠水氣泡。

電烙鐵……除了可以用於配線的電烙作業之外，在本書還充當熱熔膠筆使用。

黏膠

木工膠……用於黏接木材、紙張、皮革、乾燥花，也有不會產生光澤的品項。

雙面膠……用於作業時的暫時固定。

瞬間膠……用於金屬間、金屬與木材的黏接，也可當多功能黏膠使用。

PVC 膠……本書在軟管顏料作法中用於黏接 PVC 蓋。

模型膠……黏接塑膠板或塑膠棒，濃稠狀，乾燥時間較長。

模型膠（流動型）……黏度低，可流進縫隙中黏接，乾燥時間較短。

筆類

筆⋯⋯因為要幫家具還有小物件塗裝,所以建議備齊所有尺寸。

海綿刷⋯⋯便於在凹凸表面塗裝。用於將金屬漆塗在有樹脂砂的塗層。

滴管⋯⋯用於稀釋顏料時,將顏料混合於水或稀釋劑等溶劑。

特殊塗料

紅色鏽化金屬漆⋯⋯摻有鐵粉的顏料,可以表現逼真的紅色鏽化,用於圓板凳等。

藍色鏽化金屬漆⋯⋯可塗在金屬和木屑等表現藍色鏽化,用於水晶球的底座等。

脫模劑⋯⋯本書為了讓紙製原型有抗水性而塗抹。

塗料

打底劑(白色&黑色)⋯⋯遮蔽力極佳的打底劑,也可以用於塗色。

漆料⋯⋯延展性佳好塗抹,用於牆面和地面,使用範圍廣。

舊化漆⋯⋯表現老舊家具和小物的塗料,也用於微縮模型。

油性清漆⋯⋯用於增添木櫃和地板的光澤。

油性著色漆⋯⋯可同時呈現餅乾的焦香色和光澤。

壓克力顏料⋯⋯黃土色調,用於老舊表現的塗料。

壓克力顏料⋯⋯金銀色,可表現金屬材質的塗料,用於行李箱和畫框邊緣。

模型水性漆⋯⋯沒有漆料的臭味,也可以塗在膠製和木材物件。用於提燈和畫框邊緣。

模型酒精塗料⋯⋯筆型塗料,筆尖方便為纖細部位上色,用於門把和瓶蓋。

龜裂劑⋯⋯塗料乾後會龜裂。

樹脂砂⋯⋯摻在顏料中,表現凹凸質感。

金屬底漆⋯⋯塗在金屬上,塗料不易剝落。

粘土

輕量樹脂黏土⋯⋯奶油土類型,直接擠出使用,本書用於蛋白霜甜點製作。

輕量紙黏土&纖維系樹脂黏土⋯⋯混合這2種黏土,很容易呈現餅乾的質感。

膠類

UV-LED 膠⋯⋯用 UV(紫外線)或 LED 燈就會硬化的膠水,會稍微收縮,用於寶石製作。

尖嘴蓋⋯⋯尖嘴蓋可以很容易將液體直接注入模具中,使用 PADICO 公司製的「星之雫」。

UV-LED 燈⋯⋯不論是 UV 膠水還是 LED 膠水,都可以使其硬化的燈。

膠類用矽膠模具⋯⋯製作寶石、球體時使用的膠類用模具,PADICO 公司製。

調膠攪拌用具⋯⋯杯子、攪拌棒、牙籤,用於將膠類染色或倒入時。

膠類用染劑⋯⋯用於 UV-LED 膠的染色,訣竅是少量使用,不要加太多。

玻璃顏料⋯⋯用於彩繪玻璃的輪廓描繪,乾燥後會有透明感。

AB 膠⋯⋯計量和硬化需要一點時間,但是不會變形,適合用於複製大型物件。

翻模

翻模矽膠⋯⋯硬化時間短,計量也方便,但是不適合用於大型物件的翻模。

翻模矽膠(液狀)⋯⋯計量或原型邊框製作需要一點時間,但是可以精密翻模。

透明翻模矽膠⋯⋯硬化時間較長,可做出 UV-LED 膠用的模具。

環氧樹脂⋯⋯本書用於甜點的原型製作,硬化後可施以削切作業。

基本學習

開始製作作品前，先一起來學習本書出現的基本作業工程。

木工膠的使用方法

01 在紙杯內放入適量的木工膠。

02 慢慢加水，將木工膠化開。

03 混合到出現筆畫過的痕跡即可。

磨砂紙架

……難以裁切加工之處都可修整削切。

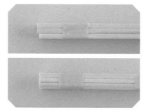

對齊木材的一邊，不齊的一邊用紙膠帶固定成束（左上）。
磨砂紙架垂直磨砂後長度就會一致（左下）。

倒角加工

……將木材邊角修出極細邊的角面加工。

01 將木材邊角重疊在桌面邊緣，用鑷子手柄壓著木材邊角滑過。

02 上面兩側的邊角以倒角加工，除去邊緣稜角。

裁切好的木材（左上）。
磨砂紙架 45 度角磨砂後，木材邊呈 45 度角（左下）。

木材的黏貼方法

01 當作底座的木材用磨砂紙打磨，讓表面平整。

02 木條背面兩邊留一點空隙，再塗上黏膠。

03 貼合後用手緊緊按壓黏緊。

04 將底座邊緣和木條齊平地放在平面上。

05 木條的短邊也用相同方式往一邊齊平。

06 以同樣的方式黏上木條。在地面交錯黏貼出長度不一的樣子。

07 用磨砂紙將超出的木條磨平。

08 表面也用磨砂紙削磨至平滑。

打底劑的塗法

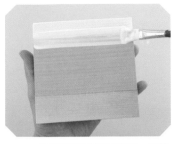

01 不稀釋直接使用原液,將筆從左邊往同樣的方向刷過塗抹。

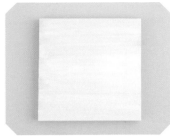

02 整個塗好的樣子。

03 為了不讓下面的木材顏色透出,用同樣的方式塗2次。

04 完成2次塗抹的樣子。

水性漆的塗法

01 牛奶漆(#40)不稀釋,直接使用原液,用筆沾取後,在杯緣刷掉多餘的塗料。

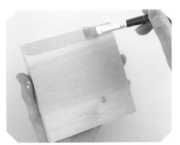

02 將筆往同樣方向刷過塗抹。

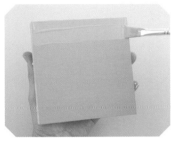

03 同樣的方式塗2次,才不容易顯露不均勻的樣子。

04 完成2次塗抹的樣子。

舊化漆的塗法

01 使用前搖一搖瓶身,搖勻塗料。

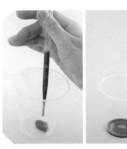

02 使用專用稀釋液稀釋 WEATHERING COLOR (WC02)。

03 用筆充分攪拌均勻。

04 塗料彷彿要滴落一般,在木材表面塗上大量的塗料。

05 用布仔細將塗上的塗料擦進木材。

06 用同樣的方式重複塗抹到呈現自己希望的濃度。

07 再用布擦拭,擦掉多餘的水分。

油性漆的塗法（使用透明漆）

01 用布沾取油性漆，並搓揉暈開。

02 用布將油性漆擦進板材。

03 斑駁處變得不明顯，板材未塗色木紋也很漂亮。

牆面的塗裝

01 在樹脂砂中混入適量的白色打底劑。

02 像用補土擦塗在板面般塗抹。

03 刮掉塗出邊界、多餘的部分。

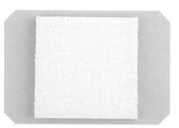

04 乾燥後板面粗糙凹凸，呈現灰泥粉刷的效果。

利用顏料的汙漬加工

01 準備比板面顏色稍深的壓克力顏料（白色加上淡褐色系）。

02 用筆輕輕塗抹，部分重複塗抹，產生陰影。

03 顏色重疊的部分呈現經年累月的老舊質感。

利用乾刷筆沾取舊化漆的汙漬加工

01 用筆沾取微量的塗料（WEATHERING COLOR WC02），用廚房紙巾等擦掉水分。

02 筆快乾時，從邊緣輕輕用筆畫過。

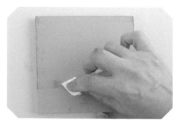

03 塗料太多的部分，用面紙等擦拭暈開。

04 塗料重疊的部分會呈現髒髒破舊的感覺。

利用龜裂劑的龜裂加工

01 塗上深色底漆（WEATHER-ING COLOR WC02），才能從龜裂處透出。

02 重複塗抹水性漆（使用與底漆相反的牛奶漆#30 顏色，龜裂效果會更明顯）。

03 趁未乾時均勻塗滿龜裂劑。

04 乾燥後表面龜裂，加工成經年累月的痕跡。

墨線加工

01 用筆將稀釋後的塗料（WEATHERING COLOR WC02）塗進龜裂處。

02 塗料有較多的水份比較容易流進縫隙。

03 用布擦拭多餘的塗料。

04 經過墨線加工，細節浮現，讓整體更顯完整。

紅色鏽化加工

※建議在吸收性佳的材質用底漆塗上一層打底層。
加工後鐵鏽可能會脫落，請小心處理。

01 紅色鏽化金屬塗料（使用 SABITENNEN）A 液充分攪拌後，塗在整個板面。

02 乾了之後再用另一支筆塗上 B 液。

03 經過幾個小時產生了鏽化，2、3 天後紅色鏽化就會固定。

藍色鏽化加工

01 藍色鏽化金屬塗料（使用 SabiColor）的顯色劑充分攪拌後，塗在整個板面。

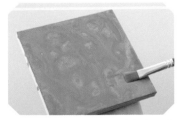
02 乾了之後，再次塗上金屬塗料，並且立刻塗 2 次滿滿的藍色鏽化顯色劑。

03 乾了後產生藍色鏽化，如果塗在表面凹凸的部件，加工效果會更明顯。

04 用濕布擦拭表面的藍色鏽化，用乾布擦拭表面金屬塗膜。

裝飾線板的作法

……手作線板當成家具或室內裝潢的裝飾板材。不需雕刻，只要利用約 1mm 厚的薄木條黏合即可，作法簡單卻能讓作品華麗升級。

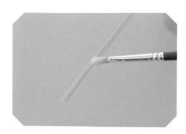

01 用筆沾取木工膠，塗在細木材背面。

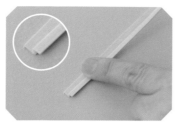

02 將細木材交錯重疊在外側，按壓黏貼。

03 趁尚未固定之時，將超出的該側往下放在平面處，將 2 片對齊。

04 在 2 片重疊側用磨砂紙打磨，修整斷面。

樣式❶

準備寬 5mm 和寬 3mm 的木材各 1 條。
將寬 3mm 木材重疊黏在寬 5mm 木材上方。

樣式❷

準備 1 條寬 5mm 木材和 2 條寬 3mm 的木材。
將寬 3mm 木材重疊黏在寬 5mm 木材上方，將寬 3mm 木材黏在重疊的背面。

樣式❷應用

A：準備 2 條樣式②，將背面黏有寬 3mm 木材重疊黏合。
B：準備 2 條樣式②，和 A 相反，在沒有重疊的寬 5mm 木材背面黏合。

樣式❸

準備寬 4mm 和寬 2mm 的木材各 1 條。
將寬 2mm 木材重疊黏在寬 4mm 木材上方。

樣式❹

準備寬 5mm 木材和 2 條寬 2mm 木材。
將寬 2mm 木材黏在寬 5mm 木材的兩側。

樣式❺

準備厚 2mm 寬 3mm 木材和厚 1mm 寬 3mm 木材各 1 條，寬 5mm 木材 2 條。
將厚 2mm 寬 3mm 木材與寬 5mm 木材重疊黏貼，背面黏貼寬 3mm 木材。再於其下黏貼寬 5mm 木材。

樣式❻

準備寬 5mm、4mm、3mm、2mm、1mm 木材各 1 條。
從最寬的木材起依序全部重疊黏貼。

樣式❼

準備寬 15mm、10mm、5mm 木材各 1 條。
從最寬的木材起依序全部重疊黏貼。

樣式❽

準備寬 10mm 和寬 4mm 木材各 1 條。
將寬 4mm 木材長度裁成 40mm，兩端裁成 45 度角。將寬 4mm 木材重疊黏在寬 10mm 上。

樣式❽應用

將樣式⑧寬 10mm 的板材厚度改為 2mm。

黏膠滲出時

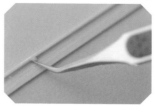

黏膠滲出會不易塗上顏料，所以要用鑷子等去除多餘的黏膠。

再用擰乾的布擦除。

牆面混凝土的作法　……從原型製作出男孩之屋的牆面。

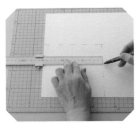

01 尺擋固定在直尺 150mm 的位置，在距離厚 1mm 塑膠板邊緣 150mm 的位置標註記號，剩餘三邊同樣標註記號。

02 移開尺擋，用刀片切成 150×150mm 方形。

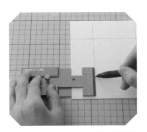

03 用 T 尺在距離塑膠板邊緣 37.5mm 的位置標註記號，剩餘三邊也在距離邊緣 37.5mm 處標註記號。

04 用打孔器在 37.5mm 的交叉點開孔，開孔的直徑為 5mm。

05 準備一片未開孔的 150×150mm 塑膠板。

06 用模型膠將有開孔的塑膠板黏在未開孔的塑膠板上。

07 準備厚 1mm、190mm 的方形塑膠板，在距離邊緣 10mm 的位置製作一個邊框。用流動型的模型膠黏貼邊框。

08 原型的內側貼上雙面膠。如果沒有牢牢固定邊框，液狀矽膠會流到原型的後面，所以還請小心。

09 撕開雙面膠，將原型黏在用來倒入液體矽膠的邊框中。

10 倒入液體矽膠，硬化後將翻模取出。

11 用牛奶漆（#70）為樹脂砂漿染色。

12 在原型中倒滿樹脂砂漿並抹平後等其乾燥。

13 乾燥後取出。

14 用剪刀修邊，完成了塗裝前的清水模風格。

地面混凝土的作法　……從原型製作出男孩之屋的地面。

01 底座準備 1 片 357×51mm 厚 1mm 的塑膠板，和 7 片 50mm 厚 1mm 的方形塑膠板。上部和右側（紅線部分）留下 1mm 空隙貼上磁磚。

02 磁磚縫隙間隔 1mm（利用治具），將 7 片塑膠板與底座黏接。原型完成。原型背面貼上雙面膠。

03 撕開原型背面的雙面膠黏在塑膠板上。在距離原型 10mm 的位置製作一個深 6mm 的邊框，用來倒入矽膠。

04 倒入液體矽膠，硬化後將翻模取出。在翻模中倒滿用牛奶漆（#70）染色的樹脂砂漿，等其乾燥。

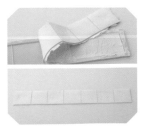

05 乾燥後用剪刀修邊，用 WEATHERING COLOR（WC01、06）塗色，地面用混凝土磁磚完成。

磁磚的作法

……從原型製作出長板凳和女孩之屋桌面的磁磚。

01 準備 225 片 7mm 方形紙板、1 片厚 1×130mm 的方形塑膠板。

02 用雙面膠分別在塑膠板的縱向和橫向黏上 15 片紙板。角落要貼出直角。

03 用 225 片黏成 105mm 的方形原型。

04 原型四周用紙膠帶遮蓋，塗上抗水性打底劑。

05 撕除紙膠帶，用模型膠將深 6mm 的邊框黏在距離原型 10mm 的位置。

06 為了更具抗水性和翻模順利，塗滿脫模劑。

07 抗水性作業結束後，倒入液狀翻模矽膠，硬化後取出。

08 在矽膠模具內倒滿樹脂砂漿（混凝土龜裂修補材）。

09 樹脂砂漿乾燥後取出。用剪刀修邊、塗裝，磁磚即完成。

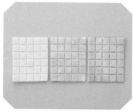

10 從左到右依序地塗上 WEATHERING COLOR（WC04、07、06）即完成。

紅磚的作法
……從原型做出男孩之屋牆面和櫃子的紅磚。

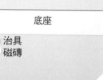

底座
治具
磁磚

01 準備 1 片厚 0.5mm、尺寸不拘的塑膠板，和數片厚 10×35mm 塑膠板。

02 磁磚縫隙間隔 1mm（利用治具），底座上部和左側（紅線部分）也留下 1mm 的空隙，再黏上磁磚。原型完成。

03 原型背面貼上雙面膠，黏在尺寸不拘的邊框中。倒入液狀矽膠。

04 矽膠模具內倒滿用牛奶漆（#66）染色的樹脂砂漿，等其乾燥。

05 自然乾燥和用乾燥機加熱乾燥的質感不同，修邊、塗裝即完成。

裝飾圖樣的作法
……從原型製作出女孩之屋椅子和提燈的裝飾圖樣。

01 準備 1 片有方眼的塑膠板、外框使用半徑 1mm 的塑膠棒（No.247 EVERGREEN 製），鏤空花紋使用半徑為（No.246）0.75mm 的塑膠棒。

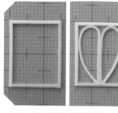

02 用模型膠將塑膠棒黏在方眼塑膠板，並且製作出鏤空花紋。需先製作出外框。

03 參考照片看著方眼位置做出原型。完成尺寸為「20×15mm」和「20×13mm」。

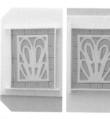

04 完成相同設計不同尺寸的 2 個原型後，在外面製作一個框，倒入透明矽膠。

05 在透明矽膠模具內倒入 UV 膠，利用光線照射硬化之後，即完成鏤空部件。

使用液狀矽膠翻模

01 將等量的翻模（使用藍白土 SOFT）A 料和 B 料混合。

02 混合好後不要擱置，倒入原型中，並避免氣泡混入。

03 約放置 30 分鐘（依使用環境稍有差異），等其硬化。

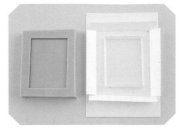

04 矽膠模具柔軟很容易從原型取出。可以做出漂亮細致的圖樣和形狀。

使用補土狀矽膠翻模

01 準備等量的翻模（使用藍白土 QUICK）A 料和 B 料。

02 因為很快變硬，要盡快揉捏混合。

03 壓在塑膠板等鋪好的原型翻模。

04 約 15 分鐘後完成。模具有彈性，適合用於平面小物的翻模。

UV-LED 膠的使用方法

……有黏度、硬化快但會收縮。有 Q 軟式、軟式和硬式等膠水種類豐富，可享受做出各種作品的樂趣（使用星之零）。

01 用光線照射硬化，使用透明模具，慢慢倒入膠水。

02 若產生氣泡，直接撈除或用工藝用熱風槍加熱，也可以等其自然消泡。

03 用專用燈使其硬化。

AB 膠（環氧樹脂）的使用方法

……黏度低、硬化需要一點時間。收縮程度小，所以可做出與原型幾乎沒有差異的完成品。可完成透明度高的作品（使用 PROCRYSTAL 880）。

01 主劑和硬化劑以 2：1 的比例混合。

02 氣泡可等其自然消泡，但加熱較容易去除。不過太熱會使其急速硬化，難以消除小氣泡。

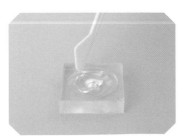

03 慢慢倒入原型（這是透過化學反應使其硬化，所以也可使用有色原型）等其硬化。

作法和紙型

從這裡開始我們將學習實際小物的作法。

基本牆面與地面 學習本書使用的房間牆面與地面。

「魔法之屋」、「女孩之屋」、「男孩之屋」，組裝製作這 3 間房間的牆面與地面。
完成尺寸為高 400×寬 540×深 360mm。
每個部件的底座都是使用 MDF 板材。
製作有門窗的房間時，必須開口和裁切，如果無法自行裁切時，可以利用專門店家等的裁切服務，委託事先裁切。

※「冒險之屋」的底座請參照冒險之屋的步驟（158 頁）。

正面牆面
每間房左右各 2 片 4mm 厚 MDF 板材 400×265mm，用於「魔法之屋」、「女孩之屋」、「男孩之屋」。

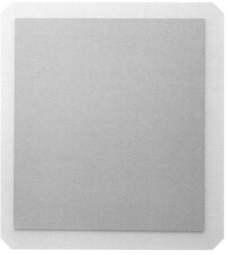

左右側牆面
左右各 2 片 4mm 厚 MDF 板材 400×360mm，用於「魔法之屋」。

右側牆面
每間房各 1 片 4mm 厚 MDF 板材 400×360mm，用於「女孩之屋」、「男孩之屋」。開口部分在距離地面 130mm 的位置，大小為 200×300mm。

左側牆面
每間房各 1 片 4mm 厚 MDF 板材 400×360mm，用於「女孩之屋」、「男孩之屋」。門的開口部分在距離兩側 105mm 的位置，大小為 150×310mm。

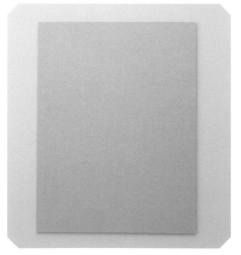

地面
每間房左右各 2 片 4mm 厚 MDF 板材 270×360mm，用於「魔法之屋」、「女孩之屋」、「男孩之屋」。

基本地面底座的作法

材料和尺寸

4mm 厚 MDF 板材 270×360mm 2 片
〈外框〉
2mm 厚木條 15×364mm 2 條
2mm 厚木條 15×270mm 4 條
〈內框〉
2mm 厚木條 10×354mm 2 條
2mm 厚木條 10×264mm 2 條

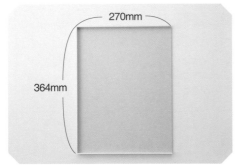

01 將外框黏在 MDF 板材,將長 270mm 木條黏在底座,再黏上長 364mm 的外框。

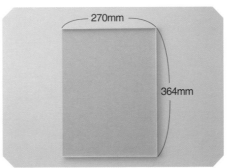

02 右邊底座也用相同方式黏上外框。

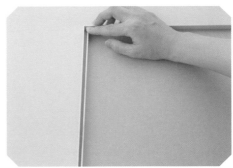

03 間隔寬 6mm 的空間,將長 354mm 的內框黏在外框前面。

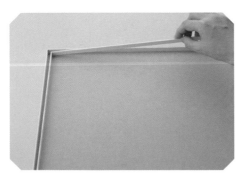

04 間隔寬 6mm 的空間,將長 264mm 的內框黏在外框前面。

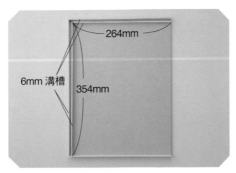

05 外框和內框之間的空間成了插入牆面的溝槽。6mm 為參考值。會因為牆面塗料和木材厚度產生差異,請自行調整。

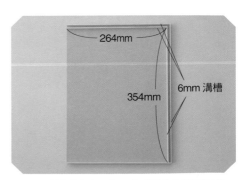

06 右邊底座也用相同方式黏上內框即完成。

魔法之屋的地面

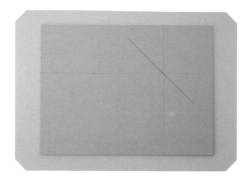

07 在底座的 MDF 板材上的任一處畫出 90 度和 45 度的線。

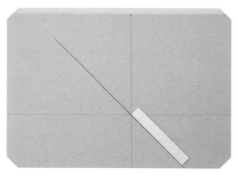

08 如照片般放上 1mm 厚 10×70mm 的木條。

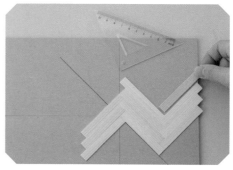

09 黏成直角。板材黏貼方向的詳細解說請參照 112 頁「人字拼木桌」的作法。

10 參考裝飾線板的樣式❽應用,將裝飾黏在外框內側。

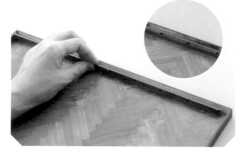

11 參考裝飾線板的樣式❽應用,將裝飾黏在內框內側。

女孩之屋的地面

01 尺寸相同的木材,以固定寬度交錯黏成交丁貼的地板。木條尺寸製成 1mm 厚 10×150mm。

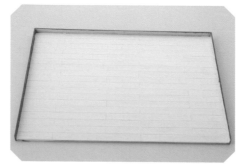

02 第一段「150」、「150」、「60」,第 2 段「60」、「150」、「150」,第 3 段「150」、「150」、「60」(單位為 mm)的方式,反覆交錯黏貼。

有門的地面作法

材料和尺寸
4mm 厚 MDF 板材 270×360mm 1 片
〈外框〉
2mm 厚木條 15×364mm 1 條
2mm 厚木條 15×270mm 2 條
〈內框〉
2mm 厚木條 10×264mm 1 條
2mm 厚木條 10×99mm 1 條
2mm 厚木條 10×105mm 1 條

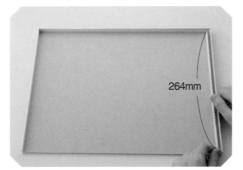

01 黏貼長 264mm 的內框。

02 黏貼長 99mm 的內框。

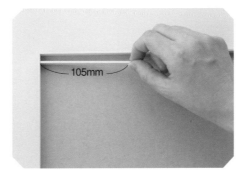

03 黏貼長 105mm 的內框。

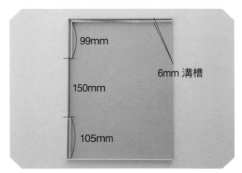

04 女孩之屋的地面有 150mm 房門開口部。

男孩之屋的地面

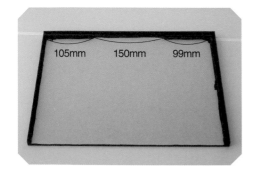

01 邊框用黑色打底劑塗色。

02 黏貼地面混凝土磁磚。

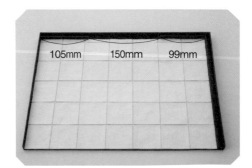

03 裁掉多餘的混凝土磁磚。

魔法之屋的地面

材料和尺寸

4mm 厚 MDF 板材 270×360mm 2 片
〈外框〉
2mm 厚木條 15×364mm 2 條
2mm 厚木條 15×270mm 4 條
〈內框〉
裝飾線板❽應用 354mm 木條 2 條
裝飾線板❽應用 264mm 木條 2 條
〈人字拼〉
1mm 厚木條 10×70mm 約 350 條

塗料　基底：WEATHERING COLOR（WC03
深棕色），加工：油性著色漆（透明）

女孩之屋的地面

材料和尺寸

4mm 厚 MDF 板材 270×360mm 2 片
〈外框〉2mm 厚木條 15×364mm 2 條
2mm 厚木條 15×270mm 4 條
〈內框右側〉2mm 厚木條 10×354mm 1 條
2mm 厚木條 10×264mm 1 條
〈內框左側〉2mm 厚木條 10×264mm 1 條
2mm 厚木條 10×99mm 1 條
2mm 厚木條 10×105mm 1 條
〈地板〉1mm 厚木條 10×150mm 114 條

塗料　基底：牛奶漆（#30 奶油香草），汙漬：
WEATHERING COLOR（WC02 原野棕）

男孩之屋的地面

材料和尺寸

4mm 厚 MDF 板材 270×360mm 2 片
〈外框〉2mm 厚木條 15×364mm 2 條
2mm 厚木條 15×270mm 4 條
〈內框右側〉2mm 厚木條 10×354mm 1 條
2mm 厚木條 10×264mm 1 條
〈內框左側〉2mm 厚木條 10×264mm 1 條
2mm 厚木條 10×99mm 1 條
2mm 厚木條 10×105mm 1 條
混凝土磁磚 11 片

塗料　汙漬：WEATHERING COLOR（WC06
灰色、WC01 黑色）

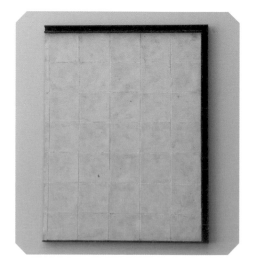

女孩之屋的牆面作法（正面牆面）

※完成圖為正面右邊牆面（橫向腰線板右邊有 2mm 空隙）。

材料和尺寸
底座：4mm 厚 MDF 板材 265×400mm 1 片
橫向腰線板：2mm 厚木條 10×260mm 1 條
縱向腰壁板：1mm 厚木條 15×120mm 18 條

塗料 白色打底劑＋樹脂砂、壓克力顏料
（UNBLEACHED TITANIUM）、牛奶漆（#30 奶
油香草）、WEATHERING COLOR（WC02 原野
棕）

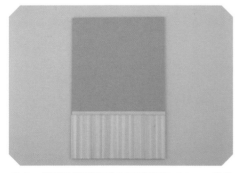

01 將橫向腰線板黏在距離底部 130mm 的位置，縱向腰壁板並列黏貼，圖片為正面左邊牆面。為了在房間組裝時不要出現縫隙，必須調整與側面牆面重疊部分，而在橫向腰線板的左邊留下 2mm 空隙。

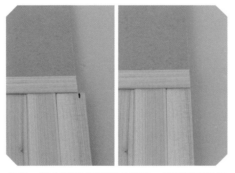

02 縱向腰壁板超出底座時，標記底座的尺寸，用刀片裁切或用磨砂紙修平。

03 全部塗上牛奶漆奶油香草色。

04 在腰線板黏貼紙膠帶，將上部牆面塗色。

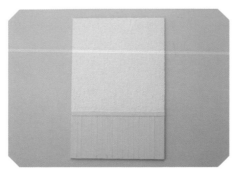

05 撕除紙膠帶即完成。作品範例中會進一步塗上 WEATHERING COLOR 的塗料表現汙漬，呈現古典氛圍。

女孩之屋的 牆面作法 （左側牆面）

材料和尺寸

底座：4mm 厚 MDF 板材 360×400mm 1 片
門框縱邊：2mm 厚木條 10×308mm 2 條
門框橫邊：2mm 厚木條 10×150mm 1 條
右腰線板：2mm 厚木條 10×99mm 1 條
左腰線板：2mm 厚木條 10×105mm 1 條
縱向腰壁板：1mm 厚木條 15×120mm 14 條
鉸鏈：6×7mm 2 個

塗料 白色打底劑＋樹脂砂、壓克力顏料（UNBLEACHED TITANIUM）、牛奶漆（#30 奶油香草）、WEATHERING COLOR（WC02 原野棕）

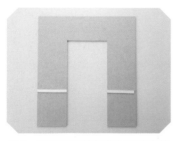

01 將左右腰線板黏在距離底部 130mm 的位置。這片為左側牆面，所以在右邊與正面牆面重疊處要留下 5mm 空隙（右側牆面在左邊）。

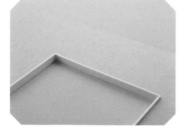

02 將門框橫邊黏在底座門的部分，門框縱邊黏在門的兩側。

03 將縱向腰壁板黏在左右腰線板下面。黏左右腰線板時，請注意不要貼到右邊需保留的 5mm 空隙。

04 為了讓牆面可以立在地面的溝槽，在門框縱邊的背面底部割出切口※男孩之屋的左側牆面門框也做相同處理。

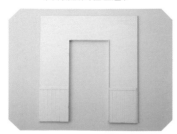

05 整個板材塗上牛奶漆（#30 奶油香草）。

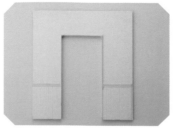

06 門框上部與左右腰線板用紙膠帶遮蓋，為上部牆面塗色，撕除紙膠帶，塗上 WEATHERING COLOR。

07 在距離門框縱邊左側上部和距離底部約 50mm 處割出切口，黏上鉸鏈。

08 像這樣將門框縱邊背面底部切口嵌入地面外框。

男孩之屋的牆面作法（正面牆面）

材料和尺寸

底座：4mm 厚 MDF 板材 265×400mm 1 片
混凝土磁磚 6 片

塗料　WEATHERING COLOR（WC04 土沙色、WC06 灰色）

01 從底座 MDF 板材約中央位置往左右黏上混凝土磁磚。

02 從背面用刀片沿著底座切除超出底座的多餘混凝土磁磚。

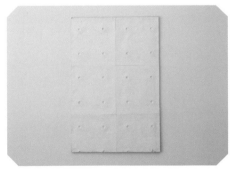

03 黏上 6 片，將多餘部分切齊的樣子。圖片為正面牆面。為了在房間組裝時不要出現縫隙，必須做出空隙調整與側面牆面重疊部分，但是這片牆面是切齊的邊緣，所以只處理左右側牆面。

04 如雨滴落下般塗出汙漬效果。WEATHERING COLOR（WC06）用稀釋液 10 倍稀釋，從牆面的上方滴落塗色。

05 接下來為 5 倍稀釋，隨處塗色。

06 WEATHERING COLOR（WC04）用稀釋液 5 倍稀釋，塗出積塵般的汙漬感。從接縫部分塗起。

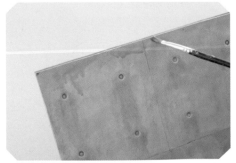

07 接下來為 10 倍稀釋，如從上方滴落般塗色。最後再隨處塗上厚厚的 WEATHERING COLOR（WC06）。

男孩之屋的牆面作法（左側牆面）

材料和尺寸

底座：4mm 厚 MDF 板材 360×400mm 1 片
上部：1.5mm 厚椴木板材 約 90×610mm 2 片
門框縱邊：2mm 厚木條 10×308mm 2 條
門框橫邊：2mm 厚木條 10×150mm 1 條
門框線縱邊：1mm 厚木條 5×190mm 2 條
（一端為 45 度角）
門框線橫邊：1mm 厚木條 5×158mm 1 條
（兩端為 45 度角）
紅磚 6 片
〈門滑軌〉 底座：2mm 厚木條 15×353mm 1 條
止擋片：2mm 厚板材角料 2×15mm 1 條

夾板：2mm 厚木條 2×351mm 2 條
頂板：2mm 厚木條 5×353mm 2 條

塗料 黑色打底劑、WEATHERING COLOR（WC02 原野棕、WC03 深棕色、WC05 白色、WC06 灰色）

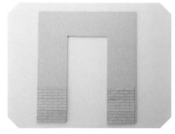

01 將紅磚黏至距離底部 120mm 的位置，這片牆面為左側牆面，在右邊與正面牆面重疊，需先留下 6mm 空隙（右側牆面在左邊）。

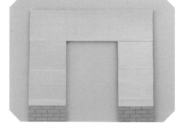

02 除了右邊空隙之外，將椴木板材黏在上部。若有板材或紅磚超出底座，請割除或磨砂修平。

03 上部塗上黑色打底劑，紅磚用 WEATHERING COLOR 塗色。塗色請參照 114 頁「紅磚櫃」。

04 將塗色的門框橫邊貼在門的部分，門框縱邊黏在門的兩側。再黏上縱橫邊的門框線。在門框縱邊的背面底部割出切口。

05 製作懸吊門滑動的滑軌。將止擋片黏在底座左邊，將夾板黏在上下兩邊。

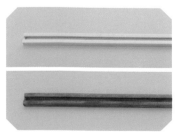

06 將頂板黏在夾板上面，塗上 WEATHERING COLOR（WC02）。

07 確認懸吊門的高度，將滑軌黏在距離底部 320mm 的位置。

魔法之屋的牆面作法（側面牆面）

※完成圖為左側牆面（右邊有 4mm 空隙）

材料和尺寸

底座：4mm 厚 MDF 板材 360×400mm 1 片
外側縱板：2mm 厚木條 1×150mm 2 條
上方橫板：2mm 厚木條 1×354mm 1 條
中間橫板：1mm 厚木條 2×354mm 1 條
下方橫板：2mm 厚木條 1×354mm 1 條

塗料 WEATHERING COLOR（WC03 深棕色）、油性著色漆（透明）

裝飾壁板的材料和尺寸

（1 片）
縱板：2mm 厚木條 1×146mm 2 條
底座：1mm 厚板材 40×146mm 1 片
橫板：1mm 厚木條 4×40mm 2 條（兩端為 45 度角）
中框縱邊：1mm 厚木條 2×100mm 2 條（兩端為 45 度角）
中框橫邊：1mm 厚木條 2×30mm 2 條（兩端為 45 度角）
※以上製作 28 組。

黏在裝飾壁板間的板材
1mm 厚木條 2×146mm 26 條（兩側牆面使用 16 條，正面牆面兩邊使用 10 條）。

01 將外側縱板黏在距離底部 150mm 位置的兩側，圖片為左側牆面，所以在右邊與正面牆面重疊處要留下 4mm 空隙（右側牆面在左邊）。將上方橫板黏在外側縱板之間。

02 將中間橫板、下方橫板黏在上方橫板下方。

※若是正面左邊牆面在左邊留下 2mm 空隙（正面右邊牆面在右邊）。

03 先將縱板黏在下方橫板的下面，在旁邊黏上底座。將橫板黏在底座上部和距離地面 15mm 的位置。

04 黏接四個角做成中框，黏在底座中央。底座側邊再黏上 1 條縱板。

05 完成 1 塊裝飾壁板，黏上一條裝飾壁板間的板材。

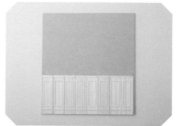

06 左側牆面裝飾壁板黏貼完成的樣子。

07 裝飾壁板塗上 WEATHER-ING COLOR（WC03）。
※圖片為正面右邊牆面。

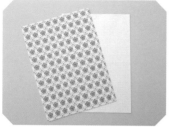

08 在市售的列印貼布印上壁紙圖樣。
※壁紙紙型在 89 頁。

09 從下面稍微將貼布的離型紙撕開，建議先撕開一點黏接面。

10 將黏接面底端與牆面板材邊緣對齊，慢慢小心黏貼。

11 一邊壓除空氣，一邊慢慢黏貼。離型紙撕到一半時會妨礙作業，所以建議黏到一半先剪掉。

12 黏貼至牆面頂緣時，順著邊角往下摺，貼至側邊。

13 角落的布料因反摺變厚，用剪刀修平。

14 與第 2 片壁紙圖樣對齊。找出方便與圖樣邊界對齊的位置，用刀片裁掉不需要的部分。

15 圖樣與貼好的壁紙對齊，黏貼時要完全密合，但不要重疊。

16 黏貼至邊緣後，用定規尺沿著側邊壓緊黏合。

17 將刀刃劃過側邊和定規尺之間裁切即完成。

> ※使用布料印刷時，請參照購買產品的使用方法。
> ※以 A4 大小列印時，若要對齊圖樣，所需量比實際牆面面積大（參考張數，建議準備約 9、10 張）。
> ※壁紙請將 89 頁的圖樣放人 200%再彩色列印，或是用電腦掃描後列印成 A4 大小使用。

魔法之屋的牆面

正面牆面的材料和尺寸
底座：4mm 厚 MDF 板材 265×400mm 1 片
外側縱板：2mm 厚木條 1×150mm 2 條
上方橫板：2mm 厚木條 1×261mm 1 條
中間橫板：1mm 厚木條 2×261mm 1 條
下方橫板：2mm 厚木條 1×261mm 1 條

塗料 WEATHERING COLOR（WC03 深棕色）、油性著色漆（透明）

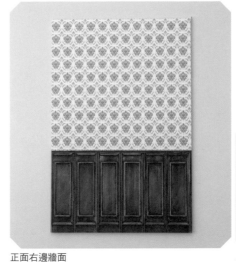

正面右邊牆面　　　　　　　左側牆面

女孩之屋的牆面

右側牆面的材料和尺寸
4mm 厚 MDF 板材 400×360mm 1 片
橫向腰線板：2mm 厚木條 10×355mm 1 條
縱向腰壁板：1mm 厚木條 15×120mm 24 條

塗料 白色打底劑＋樹脂砂、壓克力顏料（UN-BLEACHED TITANIUM）、牛奶漆（#30 奶油香草）、WEATHERING COLOR（WC02 原野棕）

右側牆面（已嵌入窗戶）　　　左側牆面　　　正面右邊牆面

男孩之屋的牆面

右側牆面的材料和尺寸
4mm 厚 MDF 板材 400×360mm 1 片
依喜好選擇市售的黑色金屬網黏在窗外

塗料 黑色打底劑

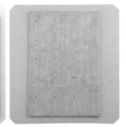

右側牆面（已嵌入窗戶）　　　左側牆面　　　正面右邊牆面

梯子
的作法

材料和尺寸

〈完成尺寸〉
高 280mm×深 125mm×寬 90mm

〈材料〉 鉸鏈 8×10mm 2 個
鉸鏈釘：直徑 2mm 銀色燙鑽 8 顆
梯板釘：直徑 2mm 銀色燙鑽 20 顆
※木材都是檜木
※除非有特例，否則黏膠都使用木工膠

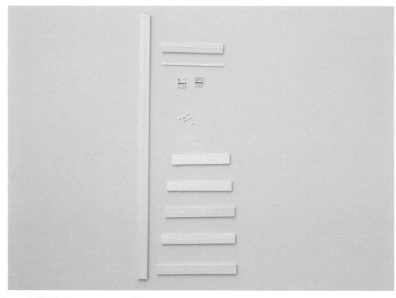

木材　支撐柱：2mm 厚板材 10×278mm 4 條
大頂板：2mm 厚板材 10×65mm 2 條、小頂板：2mm 厚木條 1×65mm 2 條
層板：2mm 厚板材 60×60mm 1 片、層板托架：2mm 厚木條 5×60mm 2 條
梯板：2mm 厚 10mm×長度（建議配合實物）
※長度參考值由下往上為 83、78、73、68、61mm，各 2 片

01 將小頂板黏在大頂板側邊，用相同方式再製作出一片。

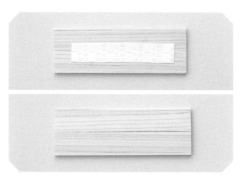

02 用雙面膠將 2 片頂板黏合，固定在作業台上，避免移動。

03 用多功能黏膠將鉸鏈黏在距離左右兩邊 10mm 位置。用瞬間膠將燙鑽黏在鉸鏈。

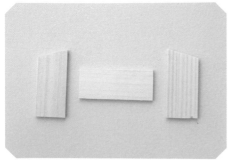

04 利用多餘的木片製作成治具。側邊的前端做成 75 度角。

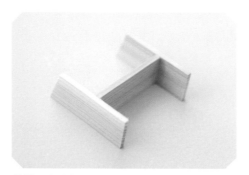

05 黏接部件，完成治具。尺寸大小為可放仕梯子間、作業方便即可。

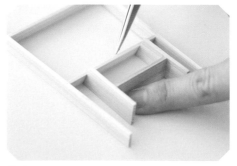

06 沿著製具做出 75 度角，同時間隔 50mm 的距離黏貼梯板。

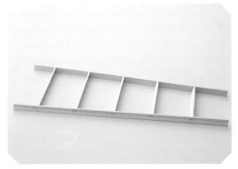

07 梯板做出角度、黏好 5 段的樣子。支撐柱的底端也切割成 75 度角，用相同方式做出另一邊。

08 重疊 2 個梯子，用紙膠帶暫時固定。用瞬間膠將燙鑽黏在支撐柱側邊各段梯板的位置。

09 重疊梯子的上部黏上有鉸鏈的頂版。

10 完成。塗色前的樣子。

11 混合 WEATHERING COLOR（WC03 深棕色）以及 WEATHERING COLOR（WC02 原野棕）塗色。

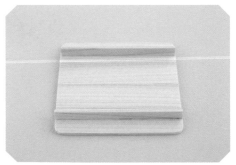

12 用圓口刀或用磨砂紙將四個角修圓，做成層板。評估梯子的梯板和地面的水平位置，將層板托架黏在層板背面。

13 混合 WEATHERING COLOR（WC03 和 WC02）塗色。層板充當置物台和撐開架。

櫃台桌
的作法

材料和尺寸
〈完成尺寸〉
高 128mm×深 106mm×寬 196mm
〈材料〉
底座（頂板）：4mm 厚 MDF 板材 100×190mm 1 片
底座（前板）：4mm 厚 MDF 板材 120×190mm 1 片
底座（側板）：4mm 厚 MDF 板材 100×125mm 2 片
木材 頂板鑲木：1mm 厚木條 10×190mm 10 條
頂板底座背面：1mm 厚木條 3×190mm 2 條
頂板外框縱邊：裝飾線板❷190mm 2 條（兩端為 45 度角）
頂板外框橫邊：裝飾線板❷100mm 2 條（兩端為 45 度角）
前板鑲木：1mm 厚木條 10×120mm 19 條
前板外框縱邊：裝飾線板❷190mm 1 條（兩端為 45 度角）
前板外框橫邊：裝飾線板❷125mm 2 條（一端為 45 度角）
前板內框縱邊：裝飾線板❷120mm 6 條（兩端為 45 度角）
前板內框橫邊：裝飾線板❷70mm 4 條（兩端為 45 度角）
前板內框橫邊：裝飾線板❷50mm 2 條（兩端為 45 度角）
側板鑲木：1mm 厚木條 10×125mm 20 條
側板外框縱邊：裝飾線板❷100mm 4 條（兩端為 45 度角）
側板外框橫邊：裝飾線板❷125mm 4 條（兩端為 45 度角）
背板外框縱邊：裝飾線板❷190mm 1 條（兩端為 45 度角）
背板外框橫邊：裝飾線板❷125mm 2 條（一端為 45 度角）
※木材都是檜木
※除非有特例，否則黏膠都使用木工膠

01 將寬 3mm 面朝上的檜木條黏在頂板底座背面的長邊邊緣。

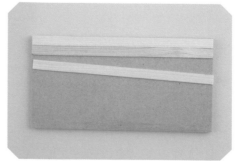

02 在頂板底座黏滿頂板鑲木。

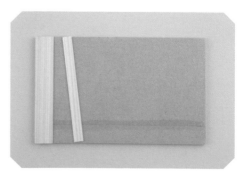

03 在前板底座黏滿前板鑲木。

04 在側板底座全部黏滿側板鑲木。

05 將前板底座立起黏在頂板底座背面黏有木條的側邊。因此前板有了 3mm 的深度。

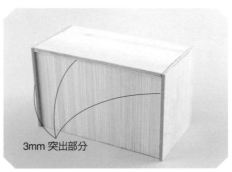

3mm 突出部分

06 接著將側板黏在兩側。可看到前板黏出了深度。

07 將外框黏在側板底座與前板黏成的 3mm 突出部分和頂板正面。
※邊框作法請參照 68 頁 **02**。

08 兩邊側板正面也黏上外框。

09 將內框黏在有 3mm 深度的前板。

10 用 WEATHERING COLOR（WC03 深棕色）塗色後，再塗上油性著色漆（透明）即完成。內側也可以不塗色。

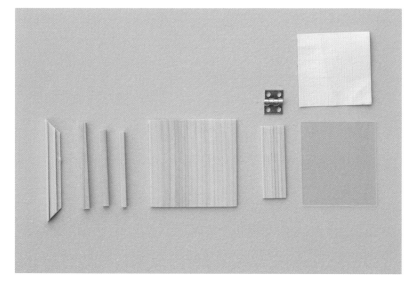

標本框的作法

材料和尺寸

〈完成尺寸〉 縱邊 42mm×橫邊 42mm

〈材料〉 鉸鏈：8×10mm 1 個

紙墊：30×32mm 1 張

框面：0.3mm 厚塑膠板 34×32mm

※木材都是檜木

※除非有特例，否則黏膠都使用木工膠

木材 正面縱橫外框：裝飾線板❷42mm 4 條

背面外框縱邊：3mm 厚木條 2×36mm 2 條

背面外框橫邊：3mm 厚木條 2×32mm 1 條

背面內框橫邊：2mm 厚木條 2×32mm 2 條

底板：1mm 厚板材 36×36mm 1 片

支撐架：1mm 厚木條 10×30mm 1 條

01 黏合背面外框。背面外框橫條和背面內框橫條黏合，在底邊做出高低層次。將背面外框縱條黏在底邊兩邊。

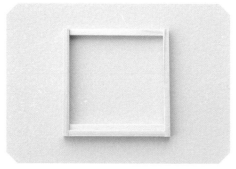

02 將背面內框橫條黏在上部，做成標本框背面的插入口，背框完成。

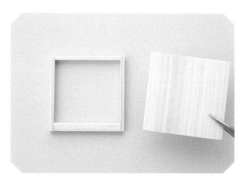

03 將底板黏在背框的反面。

04 底板黏合的樣子。

05 翻回正面，將四個角黏合的正面外框黏在插入口這面。

06 標本框完成。

07 在距離支撐架板材底邊高 5mm 的位置和底邊中央標柱記號。

08 裁切成山型。

09 用多功能黏膠將鉸鏈黏在支撐架板材背面上部。

10 用多功能黏膠將鉸鏈黏在標本框背面。

11 用 WEATHERING COLOR（WC03 深棕色）或 WEATHERING COLOR（WC02 原野棕）塗色。

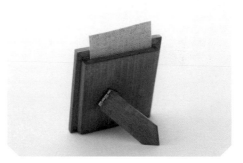

12 從標本框背面的插入口放入紙墊。

13 接著在紙墊前面加上框面的塑膠板。放入喜歡的標本。

標本箱 的作法

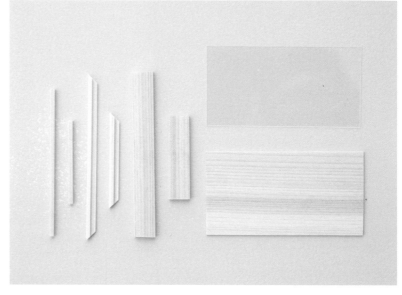

材料和尺寸

〈完成尺寸〉

高 12mm×深 45mm×寬 80mm

〈材料〉

玻璃蓋：0.3mm 厚塑膠板 38×73mm 1 片

紙墊：畫布或紙張 40×75mm 1 張

※木材都是檜木

※除非有特例，否則黏膠都使用木工膠

木材　箱蓋縱邊：裝飾線板❸45mm 2 條（兩端為 45 度角）

箱蓋橫邊：裝飾線板❸80mm 2 條（兩端為 45 度角）

箱蓋背面縱邊：2mm 厚木條 2×39mm 2 條、箱蓋背面橫邊：2mm 厚木條 2×70mm 2 條

箱子縱板：2mm 厚木條 10×40mm 2 條、箱子橫板：2mm 厚木條 10×79mm 2 條

箱子底板：1mm 厚板材 40×75mm 1 片

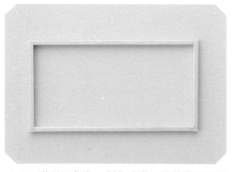

01 黏接四個角，製作成黏在箱蓋背面的邊框。

02 黏接四個角，做成箱蓋的邊框。

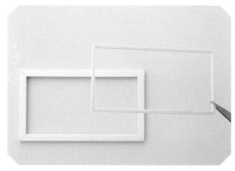

03 箱蓋的邊框翻至背面，黏上箱蓋背面。

04 黏接完成的樣子。

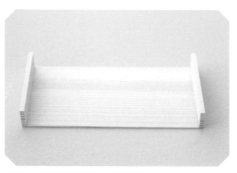

05 將箱子縱板黏在底板兩側。

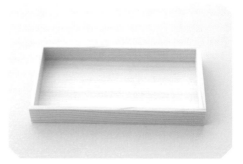

06 再黏上箱子橫板，製作成箱子。

蝴蝶紙型（實物大）

請以彩色列印或電腦掃描後使用。

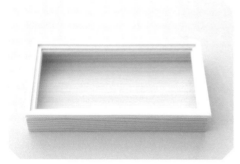

07 尚未塗色和裝上塑膠板的箱子和箱蓋。

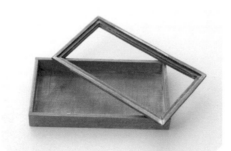

08 依喜好塗上 WEATHERING COLOR。

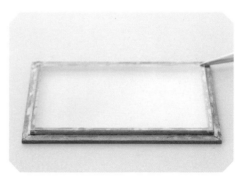

09 塗色乾後，用多功能黏膠將塑膠板黏在箱蓋背框。

10 完成。

蝴蝶標本
的作法

材料和尺寸

〈完成尺寸〉

大蝴蝶：寬約 20mm、小蝴蝶：寬約 15mm

〈材料〉 印在轉印紙的蝴蝶、PVC 板、標本針
適量、海綿適量

※除非有特例，否則黏膠都使用木工膠

01 準備將紙型印在轉寫紙的蝴蝶，黏在 PVC 板。

02 用手指按壓，緊緊黏貼。

03 充分用水浸濕。

04 撕掉底紙。

05 輕輕擦除水分晾乾。

06 裁切。

07 輕輕摺彎翅膀，做出立體感。用標本針從正面刺進蝴蝶中心。

08 標本針刺進海綿。利用海綿讓蝴蝶和標本箱或標本框之間產生空隙，使蝴蝶看起來更立體。

09 海綿塗上瞬間膠黏在標本箱。依喜好也可以直接將蝴蝶黏在標本箱或標本框中。

植物標本
的作法

材料和尺寸

〈材料〉

標本底紙　30×32mm 左右

喜歡的乾燥花適量

※除非有特例，否則黏膠都使用木工膠

01 配合標本框大小，剪下紙張。

02 剪下喜歡的乾燥花，適量即可。

03 將乾燥花的根部和各個地方黏在底紙。根部用紙膠帶黏住。

04 用海綿沾染茶色以及黃土色的水溶性水彩顏料，輕輕拍打植物標本，做出舊化的效果。

05 放入標本框中即完成。

牆面裝飾框的作法

木材 外框縱邊：裝飾線板❷82mm 2 條
外框橫邊：裝飾線板❷112mm 2 條
背框縱邊：2mm 厚木條 5×70mm 2 條、背框橫邊：2mm 厚木條 5×104mm 2 條

材料和尺寸

〈完成尺寸〉

縱邊 82mm×橫邊 112mm

※木材都是檜木
※除非有特例，否則黏膠都使用木工膠

01 準備材料。

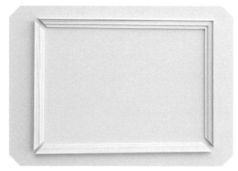

02 黏接四個角製作成外框。

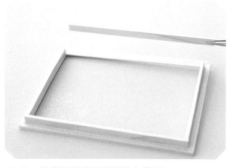

03 沿著外框背面邊緣黏上背框。

04 塗裝後就完成了。

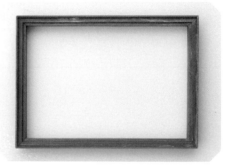

05 塗上 WEATHERING COLOR（WC03 深棕色），完成。

寶石墜飾
的作法

材料和尺寸
〈材料〉 膠製寶石 1 顆
黃銅線：直徑 0.3×10mm 左右
金屬環：直徑 4mm 1 個
鍊條：喜歡的款式 100mm 1 條
市售型：PADICO 製（使用 Jewel Mold mini [Jewelry Cut Hexagon]）

01 直徑 0.3mm 的黃銅線，約 5mm 的長度彎成 U 字形，製作成上部零件。

02 將染色的膠水倒入喜愛的市售模具中，插入上部零件待其硬化。加上膠水做出表面張力的圓弧。再用光線照射硬化。

03 寶石完成。拆除金屬環的鍊條穿過上部零件，再裝上金屬環。

04 完成。
寶石也可以當作寶物箱內的寶物（這時不須裝上金屬配件）。

寶石
的作法

材料和尺寸
〈完成尺寸〉寬 5〜10mm 左右
〈材料〉 微縮模型用的小塊真石頭

01 用瞬間膠將石頭黏在要倒入矽膠的框中。

02 完成透明石頭的矽膠模具。

03 將染色的 UV 膠水倒入模具中，用光線照射硬化。

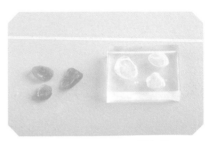

04 從模具中取出 UV 膠即完成。

提燈
的作法

材料和尺寸

〈完成尺寸〉

高約 32mm×深 17mm×寬 17mm

〈材料〉 提把：直徑 0.64mm 塑膠圓棒 50mm（使用 EVERGREEN No.219）、直徑 1mm 熱縮管 10mm

※除非有特例，否則黏膠都使用木工膠

木材　燈蓋：裝飾線板❻18mm 4 條（兩端為 45 度角）

燈蓋內側：內框縱邊 1mm 厚木條 4×11mm 2 條、內框橫邊 1mm 厚木條 4×13mm 2 條、外框縱邊 1mm 厚木條 2×13mm 2 條、外框橫邊 1mm 厚木條 2×15mm 2 條

燈座：底板 1mm 厚板材 11×11mm 1 片、小框 1mm 厚木條 3×12mm 4 條、中框 1mm 厚木條 3×15mm 4 條、大框 1mm 厚木條 3×17mm 4 條

01 黏接四個角，製作成燈罩。

02 做一個 13mm 的方形內框和一個 15mm 的方型外框，製作成燈罩內側。

03 將內框和外框重疊黏接，再重疊黏接在燈罩的內側。

04 用直徑 1mm 手鑽在外框中央開孔，另一側也用相同方法開孔。

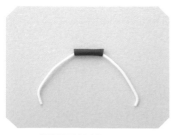

05 塑膠圓棒折彎，中央用多功能黏膠黏上熱縮管，成為提燈提把。

06 將塑膠圓棒兩端扣入開孔中，並用多功能黏膠黏接。

07 製作燈座。做一個 13mm 的方形小框，與 11mm 的方形底板黏接。底板中心用手鑽開 2 個 1mm 的孔。

08 做一個 15mm 的方形中框和 17mm 的方形大框。

09 大中小方框錯開黏成階梯狀，底座完成。底板開孔間距配合使用的 LED 端子。

10 用多功能黏膠分別在縱、橫兩邊黏接 2 片裝飾部件，暫時裝在底座上。

11 也暫時裝上燈罩，確認尺寸。

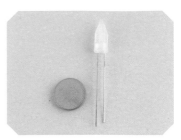

12 準備鈕扣電池（CR1220※）和蠟燭型 LED。

※電池規格為直徑12mm、厚2mm。

13 LED 裝置位置塗上黑鐵色壓克力顏料。

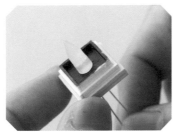

14 顏料乾後，將 LED 插入鑽好的開孔。

15 燈座底側。將兩根端子拉開、較長的 LED 端子與電池正極相連，較短的與負極相連。

16 短端子彎折壓在底側，請注意短端子不要接觸到長端子。

17 電池正面朝上放在彎折的短端子上。

※電池背面為負極，正面為正極。

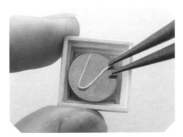

18 長端子彎折壓住電池，形成端子將電池夾住的結構，所以若中間產生空隙將造成接觸不良。這時請將端子調整成緊緊扣住電池的狀態。

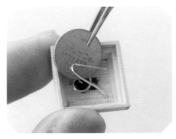

19 藉由電池的裝入與拆除，控制 ON-OFF。塗色時請先拆除電池。

※附開關的電源作法請參照 103 頁。

20 用多功能黏膠黏接下部與鏤空部件，為鏤空部件內側上色。

21 塗裝後完成。

發光水晶石
的作法

材料和尺寸
〈完成尺寸〉
高約 27mm（使用 20mm 的球體時）
〈材料〉內徑 8×外徑 18mm 圓墊片 1 個
外徑 16mm、外徑 14mm 沉頭墊片（鑄造品）各
1 個、霓虹 LED 燈 1 顆
市售型：PADICO 製（使用矽膠模具〈星球〉
16mm、20mm）、玻璃粉適量

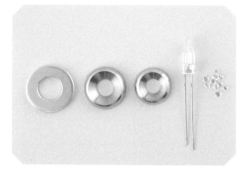

01 準備材料。

02 從下起將外徑較大的金屬部件放在底部，
由大至小地往上堆疊並用瞬間膠黏合。

03 將 UV-LED 膠倒入市售的球狀模具（直徑
20mm 或 16mm），約 5 分滿。

04 加入適量的玻璃粉。

05 混合膠水和玻璃粉。

06 再加入膠水並且與玻璃粉混合均勻。

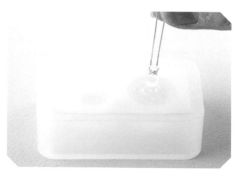

07 一邊調整膠水避免溢出，一邊放入 LED。

08 用光線照射放入 LED 的膠水，使其硬
化。

09 硬化物冷卻後，從矽膠模具後面推出。

10 取出的樣子。

11 將 LED 端子穿過底座，從底座的內側用瞬間膠黏合。

12 將 LED 端子剪成適當的長度，這是藍色鏽化加工的樣款。

13 LED 正負端子與電源相連就可以點亮。因為是霓虹 LED 燈，點亮時顏色會不斷變化。這是塗上金色的樣款。

試管架的作法

材料和尺寸

〈完成尺寸〉 直徑 25mm×高 38mm

試管架：2mm 厚木條 10×30mm 2 條

2mm 厚木條 10×20mm 2 條

〈材料〉

試管：直徑 3mm 透明末端保護套 3 個

※木材都是檜木

※除非有特例，否則黏膠都使用木工膠

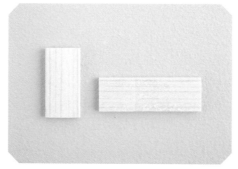

01 準備材料。

02 在長 30mm 的板材上，等距的在 3 處鑽出直徑 4mm 的開孔。

03 用磨砂棒修整開孔。

04 如果想呈現試管架底板上的凹痕，將上部和底板用紙膠帶固定，用修邊刀削出痕跡。

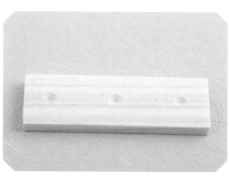

05 用紙膠帶固定，就能做出不偏移開孔的凹痕。

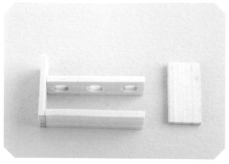

06 組裝，最後黏上右邊長 20mm 的板材。

07 塗上喜歡的顏色即完成。

08 塗上 WEATHERING COLOR（WC03 深棕色），完成。

09 準備試管。

10 用鑷子夾住試管固定。

11 裝入染色的 UV-LED 膠。

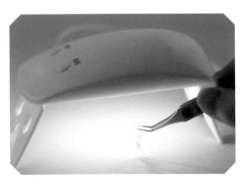

12 用光線照射硬化。

13 裝有膠水的試管完成。變換試管架和試管
的顏色就可營造各種風格,增加樂趣。

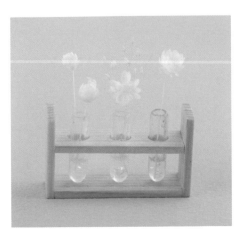

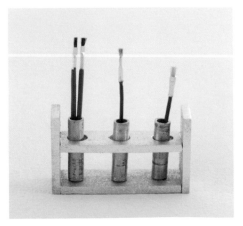

大標本瓶的作法

材料和尺寸

〈完成尺寸〉

直徑 25mm×高約 38mm

〈材料〉 內徑 20×外徑 22mm PC 管 30mm、瓶蓋：內徑 6.5×外徑 25mm 碗型墊片 1 個、螺帽蓋「M4」1 個、墊片：內徑 4×外徑 20mm 圓墊片 1 個、瓶底：內徑 6.5×外徑 25mm 碗型墊片 1 個、10mm 方形塑膠板 1 片

01 準備材料。

02 製作瓶蓋原型。用瞬間膠從碗型墊片內側黏接螺帽蓋。

03 製作瓶底原型。用瞬間膠從碗型墊片內側黏接塑膠板。

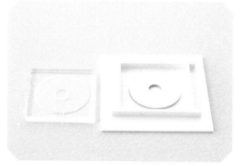

04 製作墊片。將透明矽膠或藍白土 SOFT 倒入外徑 20mm 的圓墊片原型，製作出模具。

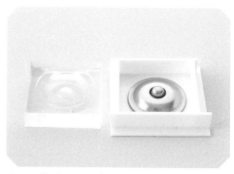

05 將透明矽膠或藍白土 SOFT 倒入瓶蓋原型，製作出模具。

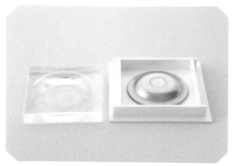

06 將透明矽膠或藍白土 SOFT 倒入瓶底原型，製作出模具。

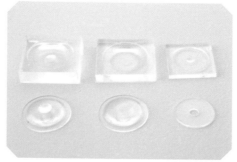

07 將環氧樹脂分別倒入每一個矽膠模具中，待其硬化。※製作有「徑長」的複製品時，建議使用收縮率低的膠類。

08 黏接底部。在圓筒邊緣塗上 UV-LED 膠。

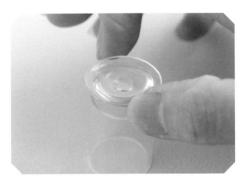

09 將膠製瓶底放在筒上。※有液體倒入的瓶底作法請參照 78 頁。

10 用光線照射圓筒與瓶底,使 UV-LED 膠硬化。

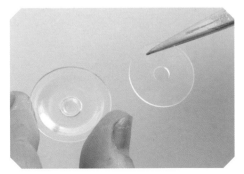

11 將墊片黏在瓶蓋內側。

12 將 UV-LED 膠倒入墊片中央的開孔,並且使其硬化。

13 墊片已黏在瓶蓋內側。將瓶蓋放在圓筒上即完成。

浮游花瓶
的作法

材料和尺寸

〈材料〉

嬰兒油　適量

乾燥花、膠製礦物等

01 在做好的標本瓶（大）底倒入 UV-LED 膠至距離瓶底 2mm 左右的高度。

02 一邊注意空隙和氣泡，一邊均勻倒入。

03 用光線照射使之硬化。硬化不足會造成液體外漏。

04 浮游花瓶（液體）款的底部需做成厚底，以免液體外漏。

05 裝入內容物。

06 嬰兒油倒至 9 分滿。嬰兒油沾到圓筒邊緣時，請用酒精擦除。

07 圓筒邊緣塗上 UV-LED 膠。

08 蓋上瓶蓋用光線照射使之硬化。

09 細瓶身的標本瓶蓋若有上色會更像浮游花瓶。

礦物盒
的作法

材料和尺寸

〈材料〉

盒底：1mm 厚塑膠板 10×10mm 1 片
底框縱邊：0.5mm 厚塑膠板 2×7mm 2 片
底框橫邊：0.5mm 厚塑膠板 2×8mm 2 片
盒蓋：0.5mm 厚塑膠板 8×8mm 1 片
蓋框縱邊：0.5mm 厚塑膠板 6×9mm 2 片
蓋框橫邊：0.5mm 厚塑膠板 6×8mm 2 片

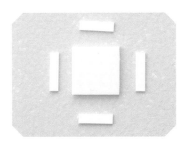

01 準備盒底的原型材料。

02 在距離 10mm 方形塑膠板邊緣 1mm 處畫線。

03 在內側放上長 7mm 的長條製作成 8mm 的方形框。用塑膠模型黏膠將方框黏在盒底，原型即完成。

04 用盒底原型做出矽膠模具。倒入用矽膠顏料染成黑色的環氧樹脂。

05 完成礦物盒的盒底。

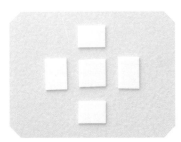

06 準備盒蓋的原型材料。

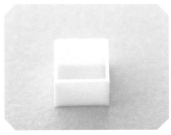

07 在 8mm 方形塑膠板側面黏上長 8mm 的塑膠板，在剩餘兩側黏上長 9mm 的塑膠板。

08 用盒蓋原型做出矽膠模具。倒入無染色的環氧樹脂。

09 完成礦物盒的盒蓋。

標本瓶和甜點罐的作法

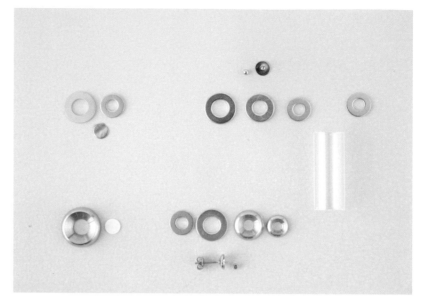

材料和尺寸

〈材料〉 圓筒（標本瓶和甜點罐通用）：內徑 10×外徑 12mm PC 管 30mm、20mm

底（通用）：直徑 5mm 黃銅板 1 片、內徑 4× 外徑 10mm 圓墊片 1 個、內徑 6×外徑 13mm 圓墊片 1 個

標本瓶底：內徑 6×外徑 16mm 沉頭墊片（鑄造品）1 個、直徑 6.5mm 塑膠板 1 片

蓋內墊片：（通用）：內徑 4×外徑 10mm 圓墊片 1 個

標本瓶蓋：外徑約 2mm 變形圓珠 1 顆、直徑 6mm 耳針平台 1 個、內徑 4×外徑 10mm 圓墊片 1 個、內徑 5×外徑 12mm 圓墊片 1 個、內徑 6×外徑 13mm 圓墊片 1 個

甜點罐的蓋子：直徑 2mm 變形圓珠 1 顆、直徑 6mm 耳針凸針 1 個、外徑 9mm 沉頭墊片（鑄造品）1 個、外徑 12mm 沉頭墊片（鑄造品）1 個、內徑 6×外徑 13mm 圓墊片 1 個

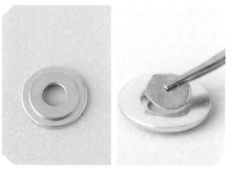

01 製作標本瓶和甜點罐的底部原型。從下起將外徑較大的金屬部件放在底部，由大至小地往上堆疊並用瞬間膠黏合。黏好後翻至背面，用瞬間膠黏上黃銅板。

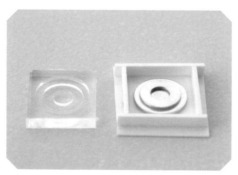

02 將透明矽膠或藍白土 SOFT 倒入底部原型，做出模具。

03 將環氧樹脂倒入底部矽膠模具並且使其硬化。※製作有「徑長」的複製品時，建議使用收縮率低的膠類。

04 製作標本瓶底的原型。用瞬間膠將塑膠版黏在沉頭墊片（鑄造品）開孔塞住。

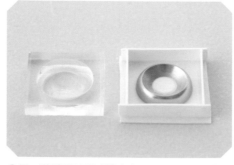

05 將透明矽膠或藍白土 SOFT 倒入標本瓶底的原型，做出模具。

06 將環氧樹脂倒入瓶底矽膠模具並且使其硬化。

07 製作甜點罐蓋子的原型。從下起由外徑大開始依序用瞬間膠黏合蓋子材料。耳環部件黏在最上面。

08 將變形圓珠穿過耳環部件，用瞬間膠黏接。剪掉不需要的耳針。

09 將透明矽膠和藍白土 SOFT 倒入甜點罐蓋子的原型，做出模具。

10 將環氧樹脂倒入甜點罐蓋子矽膠模具並且使其硬化。

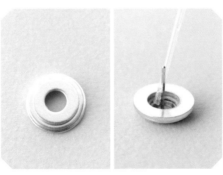

11 製作標本瓶蓋的原型。從下起將外徑較大的金屬部件放在底部，由大至小地往上堆疊並用瞬間膠黏合。瓶蓋材料。從反面剪掉耳環部件的耳針。

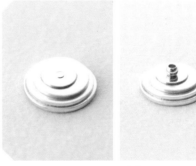

12 用瞬間膠將變形圓珠黏在中心。※因為全是扁平部件，中心有開孔，可以用流動型的瞬間膠從反面一次黏合。

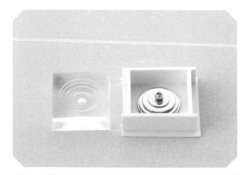

13 將標本瓶蓋當作原型，倒入透明矽膠或藍白土 SOFT，做出模具。

14 將環氧樹脂倒入標本瓶蓋矽膠模具並且使其硬化。

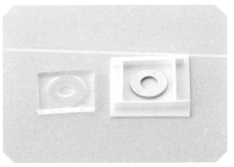

15 製作蓋內墊片的原型。將圓墊片（外徑10mm）當作原型，倒入透明矽膠或藍白土 SOFT，做出模具。

16 將環氧樹脂倒入蓋內墊片矽膠模具並使其硬化，做成蓋內墊片。將 UV 膠塗在做好的墊片放在蓋子中央，用光線照射硬化。

17 將圓筒黏在標本瓶底。將 UV-LED 膠塗在圓筒邊緣，放在瓶底，用光線照射硬化。同樣也將標本瓶和甜點罐的通用底部，放在塗了 UV 膠的圓筒底部，用光線照射使之硬化。

魔杖的作法

材料和尺寸
〈材料〉 樹枝（依個人喜好決定長短粗細）1 枝
9 針 1 根
膠製寶石　約可收進花蓋的大小
花蓋直徑約 6mm 1 個

01 準備材料。

02 將 9 針穿過花蓋，將 9 針的圓圈彎折在花蓋中。用多功能黏膠將花蓋與寶石黏合。

03 超出花蓋的 9 針，留 5mm 左右剪掉。

04 在樹枝鑽出約 5mm 深的開孔。

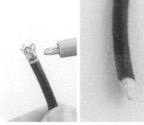

05 在 03 塗上多功能黏膠，插入樹枝的開孔。用模型顏料（鋼彈麥克筆銀色）畫線。把樹枝前端削尖。

06 完成。

金屬罐
的作法

材料和尺寸

〈材料〉

做出原型的甜點罐蓋子

做出原型的標本瓶底

間隔環　內徑 10mm×外徑 12mm×高 20mm

01 準備材料。

02 將底部和間隔環重疊，用瞬間膠黏合。

03 完成作品。

04 依喜好施以藍色鏽化加工或紅色鏽化加工。

天秤
的作法

材料和尺寸

〈完成尺寸〉

高約 50mm×寬約 55mm

〈材料〉　直徑 0.8 黃銅線 45mm×1 條

直徑 9mm 菊花花蓋 1 個、10mm 羊眼釘 1 根

外徑 3×長 40mm 黃銅管 1 根

粗 4.5×長 8mm 對鎖螺絲 1 根

外徑 25×內徑 5mm 碗型墊片 1 個

直徑 4mm 金屬環 16 個、25mm 鍊條 6 條

直徑 17mm 小餐盤 2 個

01 將金屬環穿過鍊條兩端。用瞬間膠將金屬環部分黏在小餐盤。
3 條鍊條另一端的金屬環，一起收整在 1 個金屬環上。

02 從碗型墊片內側穿過對鎖螺絲，並且用瞬間膠黏合。

03 黃銅管立起。用瞬間膠將菊花花蓋和羊眼釘黏在黃銅管上部。黃銅線穿過羊眼釘的圓圈，兩端折彎。

04 用金屬環將扣住 3 條鍊條的金屬環和黃銅線兩端折彎的圈連接在一起。完成。

書本的紙型（實物大）

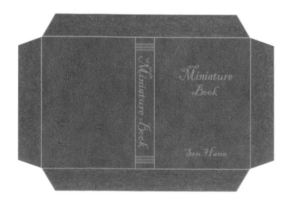

書本
的作法

材料和尺寸
〈完成尺寸〉 高 35mm×深 5mm×寬 25mm
〈材料〉
紙模型
底座：4mm 厚 MDF 板材等 25×35mm（1 本的量）
※除非有特例，否則黏膠都使用木工膠

01 沿著紙模型的輪廓線裁切。

02 將印刷好的頁紋黏在書本底座一圈。書本封面的兩邊內摺後，上下也往內摺。將底座黏在封面中央。

03 封面內側的上下 2 處塗上黏膠，與底座黏合。

羽毛筆
的作法

材料和尺寸
〈完成尺寸〉 長 30mm（適當長度）
〈材料〉
直徑 12mm 沉頭墊片（鑄造品）1 個
粗 4.5×8mm 對鎖螺絲 1 根
直徑 0.2mm 黃銅線×適當長度
喜歡的羽毛 1 根

01 配合娃娃的尺寸，剪下適當長度的羽毛。

02 用瞬間膠將黃銅線黏在羽毛。羽毛和黃銅線黏接的部分用剪短的紙膠帶捲起。黃銅線成了筆尖。

03 剪短筆尖。用瞬間膠將沉頭墊片與對鎖螺絲黏合，製作成筆座並塗色。

04 筆尖的紙膠帶和筆座用模型顏料（鋼彈麥克筆金色）塗色。完成。

書櫃的作法

材料和尺寸

〈完成尺寸〉

高 402mm×深 53mm×寬 259mm

〈材料〉

4mm 厚 MDF 板材 255×100mm 2 片

4mm 厚 MDF 板材 255×50mm 2 片

4mm 厚 MDF 板材 42×108mm 2 片

※木材都是檜木

※除非有特例，否則黏膠都使用木工膠

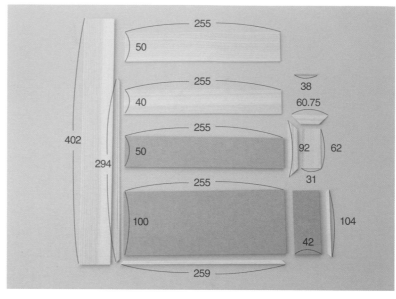

木材 2mm 厚板材 50×402mm 2 片、2mm 厚板材 50×255mm 7 片、2mm 厚板材 40×255mm 6 片

層板部分裝飾框：裝飾線板❷259mm 2 條、裝飾線板❷294mm 2 條，底座部分裝飾框：裝飾線板❷259mm 2 條、裝飾線板❷104mm 2 條

層板托架：2mm 厚木條 2×38mm 10 條（一端為 45 度角），底座裝飾：裝飾線板❼92mm 8 條、裝飾線板❼60.75mm 8 條、1mm 厚裝飾板材 31×62mm 4 片

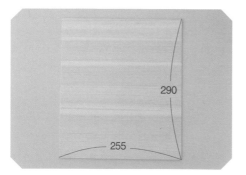

01 將 5 片寬 50mm 和 1 片寬 40mm 的板材黏成書櫃背板。

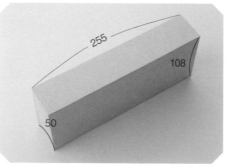

02 用 MDF 板材做成高 108×50×255mm 的底座。

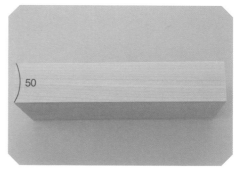

03 將寬 50mm 的檜木板材黏在底座上部。

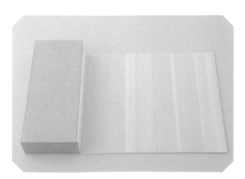

04 將底座黏在背板。

05 將寬 50mm 的檜木板材黏在背板上部。

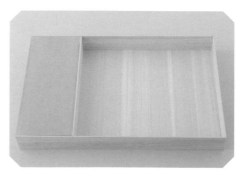

06 將 402mm 的檜木板材黏在背板兩側。

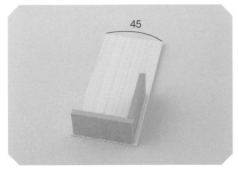

07 用板材角料做成寬 45mm 的治具。備有治具，不用定規尺測量所需尺寸就可測出層板高度，很方便。

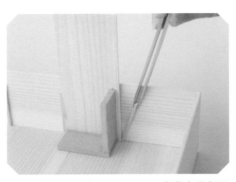

08 使用治具在間隔 45mm 處黏上層板托架。

09 黏上 5 層層板托架的樣子。

10 將 5 片寬 40mm 的層板黏在層板托架。

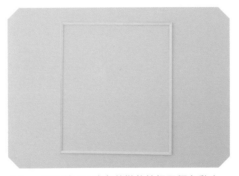

11 將兩端 45 度角的裝飾線板四個角黏合，做成黏在層板區塊的邊框。

12 將邊框黏在層板區塊。

13 將兩端 45 度角的裝飾線板四個角黏合，做成黏在底座區塊的邊框。

14 將邊框黏在底座區塊。

15 將兩端 45 度角的裝飾線板四個角黏合，做成底座的裝飾框。

16 將裝飾框黏在底座。

17 將板材黏在裝飾框的開口部分,裝飾板完成。

18 用同樣方法製作 4 組。

19 書櫃完成。塗色前的樣子。

20 塗上 WEATHERING COLOR(WC03 深棕色),再塗上油性著色漆(透明)。

魔法之屋的壁紙（50％的縮小版）

請以彩色列印或電腦掃描放大 200％後使用。
※這張壁紙縮小成放大 200％後用於 A4 大小。

鐵鑄風吊門的作法

材料和尺寸

〈完成尺寸〉 高 310mm×寬 152mm

〈材料〉 4mm 厚 MDF 板材 310×150mm 1 片
側邊縱邊：1mm 厚木條 4×310mm 2 條、側邊
橫邊：1mm 厚木條 4×152mm 2 條、外框縱
邊：2mm 厚木條 10×312mm 2 條、外框橫邊：
2mm 厚木條 10×132mm 2 條、浪板固定片
（MB13）2 個、銅板：0.1mm 厚 200×300mm
左右、燙鑽、金屬染黑劑適量

01 為了強化 MDF 板材和美化外表，在兩面塗上黑色打底劑。

02 塗好的樣子。

03 將寬 4mm 的檜木板材黏在側邊，遮住 MDF 板材的裁切面。

04 黏上外框。

05 外框用磨砂紙修平。

06 外框塗上 WEATHERING COLOR（WC02 原野棕），底座完成。

07 在熱水中滴幾滴金屬染黑劑，將銅板浸泡其中。顏色會因時間變化，若染至喜歡的顏色請盡快取出，避免裂開。

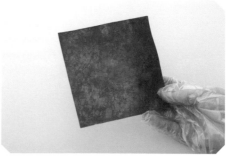

08 用水沖洗銅板表面並且擦乾。手可能會被染黑，所以整個作業過程中都需要戴上手套。

09 可直接使用，但是打磨後會使銅板增添光澤。

10 裁切銅板。染成各種風格，並且隨意裁切成各種大小，重疊時會更有韻味。

11 用瞬間膠將裁好的銅板黏在底座。

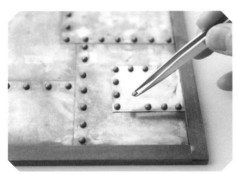

12 用瞬間膠將燙鑽黏在銅板重疊處。依喜好間隔，本書範例大約間隔 8mm 黏接。

13 將對鎖螺絲穿過浪板固定片，經過紅色鏽化加工。從左開始為加工前→塗上主劑（鐵粉）後→塗上顯色劑後。

14 用多功能黏膠將浪板固定片黏在門的背面。黏接位置大約距離邊緣 10mm。

畫布板的作法

材料和尺寸

〈完成尺寸〉 縱邊 110mm×橫邊 90mm

〈材料〉 畫布：100％麻、適用於油畫和壓克力顏料（細紋布料）縱邊 120mm×橫邊 100mm
手工藝銀色燙鑽直徑 2×32 顆

※木材都是檜木

※除非有特例，否則黏膠都使用木工膠

木材 縱邊框：2mm 厚木條 10×110mm 2 條（兩端為 45 度角）、橫邊框：2mm 厚木條 10×90mm 2 條（兩端為 45 度角）、中軸：2mm 厚木條 10×70mm 1 條

01 準備材料。

02 黏接縱邊框和橫邊框。

03 將中軸黏在中央。

04 在縱邊框和橫邊框的側邊塗上黏膠，黏上畫布。中軸不塗上黏膠。

05 剪掉四個角多餘的畫布。

06 剪掉四邊多餘的畫布。

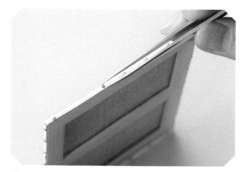

07 用瞬間膠將燙鑽等距間隔黏貼。

08 左右各 9 顆，上下各 7 顆，共黏上 32 顆燙鑽即完成。

畫框
的作法

材料和尺寸
〈完成尺寸〉 縱邊 124mm×橫邊 104mm
※木材都是檜木
※除非有特例，否則黏膠都使用木工膠

木材 背框縱邊：2mm 厚木條 4×118mm 2 條、背框橫邊：2mm 厚木條 4×94mm 2 條、外框縱邊：裝飾線板❻124mm 2 條（兩端為 45 度角）、外框橫邊：裝飾線板❻104mm 2 條（兩端為 45 度角）、內框縱邊：裝飾線板❶114mm 2 條（兩端為 45 度角）、內框橫邊：裝飾線板❶94mm 2 條（兩端為 45 度角）

01 準備材料。

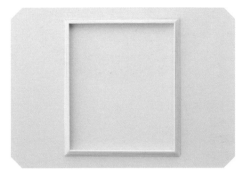

02 黏接四個角做成外框。

03 黏接四個角做成內框。

04 在翻至背面的外框中放入厚 2mm 塑膠板角料當作治具。在治具上放入翻面的內框。利用治具在外框與內框之間產生 2mm 的差距並且黏接。

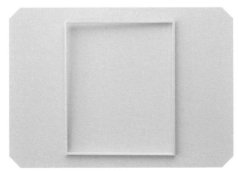

05 黏接四個角做成背框。

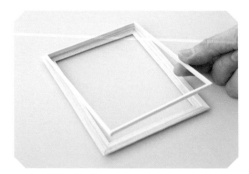

06 沿著外框背面邊緣，黏上背框。

07 塗裝後完成。

08 塗上 WEATHERING COLOR（WC02 原野棕）。

畫架
的作法

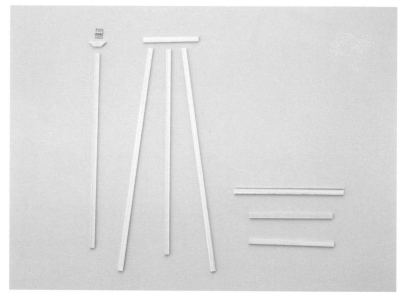

材料和尺寸

〈完成尺寸〉

高 260mm×寬 100mm×深 80mm

〈材料〉 鉸鏈 8×10mm 1 個

※木材都是檜木

※除非有特例，否則黏膠都使用木工膠

木材 腳架（支架）：2mm 厚木條 5×19mm 1 條（兩端為 45 度角）、腳架（支架）：2mm 厚木條 5×200mm 1 條、腳架（兩側）：2mm 厚木條 5×230mm 2 條、中軸：2mm 厚木條 5×210mm 1 條、橫桿（上部）：2mm 厚木條 5×57mm 1 條、畫板橫桿：裝飾線板❹110mm 1 條、畫板橫桿托：2mm 厚木條 5×85mm 1 條、橫桿（下部）：2mm 厚木條 5×87mm 1 條

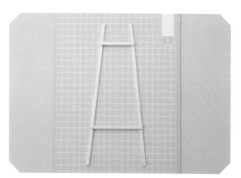

01 兩側腳架擺放成上部間隔 40mm 的距離、下部間隔 100mm 的距離。在距離地面 200mm 處黏接上部橫桿，60mm 處黏接下部橫桿。這一面是畫架的背面。

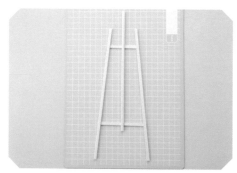

02 翻面從正面將中軸黏在橫桿中央。這時中軸黏在下部橫桿後會往下超出 10mm。

03 將畫板橫桿托黏在畫板橫桿的背面邊緣中央位置，以增加支撐強度。

04 黏在距離地面 75mm 的位置。

05 部件兩側裁成 45 度角，從中心切半。

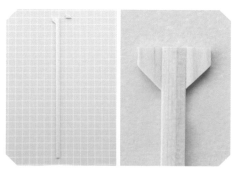

06 將裁好的部件黏在腳架的前端兩側。

07 用多功能黏膠將鉸鏈黏在畫架背面上部橫桿中央。

08 用多功能黏膠將鉸鏈和腳架前端的部件相黏。

09 塗上 WEATHERING COLOR（WC02 原野棕）或黑色打底劑即完成。

畫框用黑色打底劑打底後，塗上混入樹脂砂的黑色打底劑，再用壓克力顏料（厚重銀）拍打上色，或施以藍色鏽化加工。

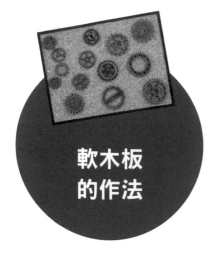

軟木板
的作法

材料和尺寸

〈完成尺寸〉

大：縱邊 75mm×橫邊 100mm

小：縱邊 50mm×橫邊 75mm

※木材都是檜木

※除非有特例，否則黏膠都使用木工膠

木材 （大）：縱邊框：3mm 厚木條 2×75mm 2 條（兩端為 45 度角）、橫邊框：3mm 厚木條 2×100mm 2 條（兩端為 45 度角）、底座：1mm 厚輕木板 71×96mm 1 片、軟木片：1mm 厚 71×96mm 軟木片 1 片

（小）：縱邊框：3mm 厚木條 2×50mm 2 條（兩端為 45 度角）、橫邊框：3mm 厚木條 2×75mm 2 條（兩端為 45 度角）、底座：1mm 厚輕木板 46×71mm 1 片、軟木片：1mm 厚 46×71mm 軟木片 1 片

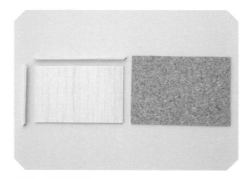

01 準備材料。

02 將輕木板黏在軟木片上。

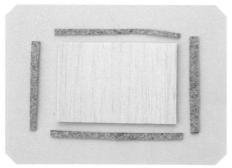

03 裁掉多餘的軟木片，使輕木板和軟木片尺寸相同。

04 周圍黏上邊框。

05 貼上紙膠帶，避免軟木片沾染到顏料。

06 用黑色打底劑塗色，或使用壓克力顏料、WEATHERING COLOR 等，依喜好塗色完成。

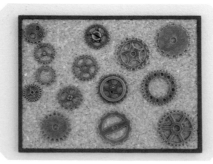

07 依喜好用瞬間膠黏上市售的齒輪部件。

軟管顏料
的作法

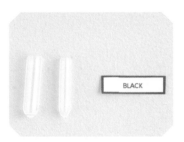

01 準備材料。

02 從底部裁下 2.5〜3mm 左右，做成蓋子。

材料和尺寸
〈完成尺寸〉 長度約 18mm 適當
〈材料〉
軟管：直徑 3mm 透明末端保護套
蓋子：直徑 2mm 透明末端保護套
標籤：寬 5mm×長約 18mm
※除非有特例，否則黏膠都使用木工膠

03 用鑷子夾緊開口部，用工藝用熱風槍加熱，使其融化黏合。

04 開口部融合，形成軟管的底部。

05 用 PVC 黏膠將蓋子黏在軟管。

06 用模型顏料（鋼彈麥克筆銀色）塗色。

07 黏上印刷好的標籤。

08 完成。

標籤紙型（實物大）

請以彩色列印或電腦掃描後使用。

RED	YELLOW	BLUE	BLACK	GREEN

畫筆的作法

材料和尺寸

〈完成尺寸〉　長度 30mm 適當

〈材料〉

鉚接部件：外徑 1.2×內徑 0.8mm 鋁管 5mm

筆桿：直徑 0.75 圓形塑膠棒 27mm（適當長度）

筆刷：腮紅刷毛等適量

※除非有特例，否則黏膠都使用木工膠

01 從左邊開始為鉚接部件、圓形塑膠棒、腮紅刷。

02 剪下適量的腮紅刷等刷毛，長度比實際使用長度稍長。

03 將刷毛整理成束，用黏膠黏上固定。

04 用刀片的刀刃如轉動般割劃鋁管，再折開割劃的部分。用力壓著割開會使切面扁平，這點還請小心。

05 將圓形塑膠棒前端削細，以便插入鋁管中。

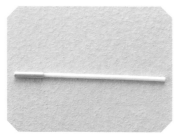

06 在圓形塑膠棒的前端塗上瞬間膠，再插入割開的鋁管。

07 調整成束的刷毛，以便裝入鋁管中。

08 將黏膠固定成束的毛刷根部削細，更容易裝入鋁管中。右邊是削細的樣子。

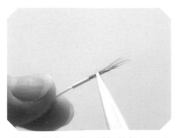

09 將成束刷毛削細的部分插入鋁管。

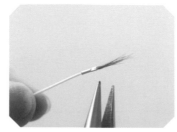

10 為了不要讓成束的刷毛脫落，將鋁管尖扁。

11 將刷毛剪至適當的長度。

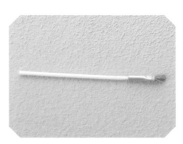

12 筆桿用壓克力顏料塗上喜歡的顏色即完成。

調色盤
的作法

材料和尺寸

〈完成尺寸〉 縱邊 40mm×橫邊 50mm

木材 厚 1mm×寬 40mm×長 50mm

※木材都是檜木

※除非有特例，否則黏膠都使用木工膠

01 準備材料。

02 利用圓口刀的圓弧裁掉四個角。

03 裁掉四個角的樣子。

04 用磨砂紙修圓四個角。

05 用圓口刀挖出約 10mm 深的切口。大小要適合娃娃拿調色盤的手。

06 切口部分裁掉的樣子。

07 用圓口刀修掉切口部分的尖角，再用磨砂紙修圓四個角。

08 在距離邊緣約 13mm 的位置標註記號。位置要適合娃娃拿調色盤的大拇指。

09 用打孔器在標註記號處開孔。用磨砂棒修整開孔。

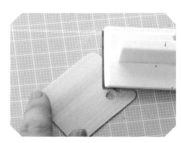

10 整個表面用磨砂紙修平。

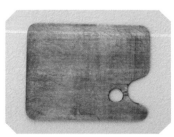

11 塗上一層 WEATHERING COLOR（WC03 深棕色）的樣子。

12 塗上好幾層 WEATHERING COLOR（WC03 深棕色），直到喜歡的色調。

檯燈的作法

材料和尺寸

〈完成尺寸〉高 90mm（最大）x 直徑 22mm

〈材料〉 燈罩：內徑 3×外徑 10.5mm 沉頭墊片（沖壓品）1 個、內徑 4×外徑 11.5mm 沉頭墊片（沖壓品）1 個、內徑 5×外徑 14.3mm 沉頭墊片（沖壓品）1 個、內徑 6×外徑 16mm 沉頭墊片（沖壓品）1 個

※除非有特例，否則黏膠都使用木工膠

可彎曲燈柱：直徑 1mm 鐵絲 85mm 1 條
WAVE 超細金屬彈簧條線 A-SPRING「No.3」80mm、WAVE 超細金屬彈簧條線 A-SPRING「No.4」70mm
底座：法蘭螺帽「M5」1 個
內徑 8×外徑 18mm 圓墊片 1 個、內徑 10×外徑 22mm 圓墊片 1 個
配線：直徑 3mm 砲彈型白色 LED 燈 1 個、直徑 1mm 熱縮管 40mm 1 根
WAVE 超細金屬彈簧條線 A-SPRING「No.4」5mm 1 條、直徑 0.16mm 銅線 230mm 1 條
圓孔 IC 腳座單排 2 孔（雙頭針）1 個

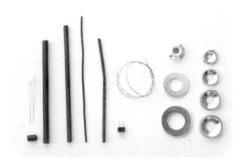

01 準備材料。

02 底座從下起依照直徑 22mm 圓墊片、直徑 18mm 圓墊片、法蘭螺帽的順序用瞬間膠黏接。

03 燈罩從下起將外徑較大的金屬部件放在底部，由大至小地往上堆疊並用瞬間膠黏接 4 個沉頭墊片（沖壓品）。 ※沉頭墊片有「沖壓品」和「鑄造品」。若不選用沖壓品無法做成燈罩。

04 底座依序塗上金屬底漆、水性壓克力漆（黑鐵色）。底座完成。

05 燈罩依序塗上金屬底漆、水性壓克力漆（黑鐵色）。燈罩完成。

06 將 LED 負極留下 5mm 長度後剪斷。 ※端子較長者為正極，較短者為負極。

07 將銅線電烙在 LED 端子的負極。
※銅線必須穿過燈柱，所以要使用細銅線。

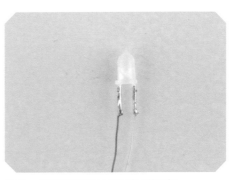

08 將銅線電烙在 LED 端子的正極。

09 為了保護電烙部分，將其穿過剪成長 7～8mm 的熱縮管。

10 用打火機或工藝用熱風槍加熱收縮熱縮管。但是請注意，若加熱過度會燒焦或融化。

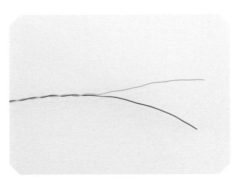

11 將 2 條銅線纏成 1 條。

12 將銅線穿過剪成約長 5mm 的彈簧條線 SPRING「No.4」（外徑 4mm）。為了避免 LED 從燈罩穿過，這條彈簧條線充當擋片。

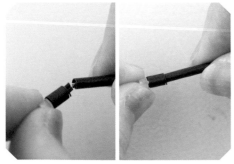

13 將銅線穿過彈簧條線 SPRING「No.3」（外徑 3mm）。將外徑 3mm 的彈簧條線裝入充當擋片、外徑 4mm 的彈簧條。

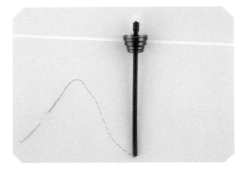

14 再穿過燈罩。

15 接著穿過彈簧條線 SPRING「No.4」（外徑 4mm）。

16 用瞬間膠黏接（底座側）2 條穿好的彈簧條線。

17 銅線穿過底座。

18 用瞬間膠從底座底部黏接 2 條彈簧條線。

19 從底座底部插入鐵絲。這條鐵絲用來充當可彎曲燈柱。

20 將鐵絲根部折彎，用瞬間膠黏在底座。鐵絲太長不好收整時，請剪成適當的長度後折彎黏接。

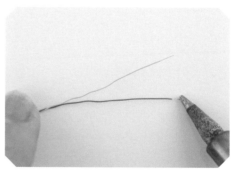

21 在銅線端預先上錫。

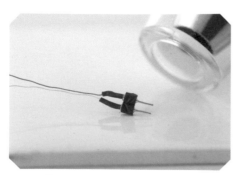

22 將圓孔. IC 腳座單排 2 孔（雙頭針）電烙在銅線前端。請參照 103 頁。

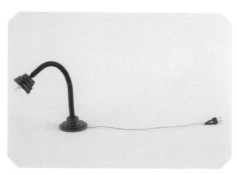

23 完成。銅線塗上水性壓克力漆（黑鐵色），看起來就很像電線。

24 經過鏽化加工的樣款，鏽化程度可依喜好調整。

附開關電池座的作法

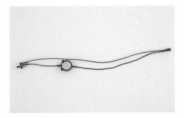

完成

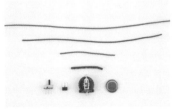

材料
銅線、熱縮管、滑動開關、圓孔 IC 腳座、CR1220 電池座、鈕扣電池（CR1220）

01 將絕緣層割開，不要將中間的銅線剪斷，再將銅線捻成一束。

02 在銅線和電池座的端子塗上助焊劑（電烙促進劑）。

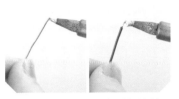

03 用烙鐵頭前端熱熔焊接線，在銅線預先上錫。

04 在電池座的端子預先上錫，電烙上銅線。

05 電池座的一側端子也電烙上銅線。

06 加上保護和絕緣。焊接好的部分用熱縮管包覆。

07 用工藝用熱風槍或打火機加熱，使熱縮管收縮。

08 塗上助焊劑，用圓形夾夾住已預先上錫的滑動開關。

09 將電池正極電烙在開關中央端子。正極銅線要先穿過收縮的熱縮管。

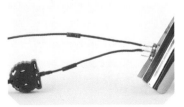

10 將與 IC 腳座正極連接的銅線電烙在開關外側端子。

11 開關電烙部分加上保護與絕緣。注意過度加熱會燒焦。

12 圓孔 IC 腳座已塗上助焊劑並預先上錫。

13 將處理至預先上錫的銅線先穿過熱縮管。

14 將銅線電烙在圓孔 IC 腳座，收縮熱縮管即完成。

畫箱
的作法

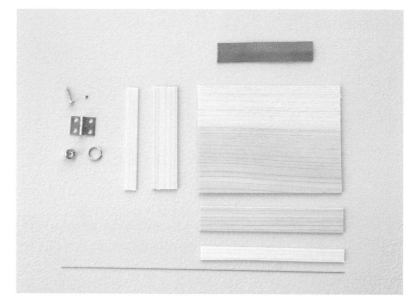

材料和尺寸
〈完成尺寸〉
高 45mm×深 17mm×長 60mm
〈材料〉 耳環扣 2 個
直徑 6mm 金屬環 2 個
寬 8mm 薄皮革 35～40mm 1 片
鉸鏈 8×10mm 2 個
直徑 2mm 金色手工藝燙鑽 8 顆
直徑 0.3mm 黃銅線 15mm 2 條
粗 1mm 釘子 4 根
※除非有特例，否則黏膠都使用木工膠

木材 蓋子底板：1mm 厚板材 45×60mm 1 片、蓋子側面縱邊：1mm 厚木條 5×43mm 2 條、蓋子側面橫邊：1mm 厚木條 5×60mm 2 條
本體底板：1mm 厚板材 45×60mm 1 片、本體側面縱邊：1mm 厚木條 10×43mm 2 條、本體側面橫邊：1mm 厚木條 10×60mm 2 條

01 將側面橫板黏在底板上。

02 將側面縱板黏在底板上，製作成本體部分。

03 用同樣的方式製作蓋子部分。

04 蓋子和本體對齊在中間捲上紙膠帶。

05 為了將本體立起作業，準備雙面膠。

06 將本體放在雙面膠上固定。

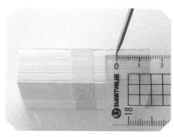

07 在距離邊緣 15mm 的位置標註記號。

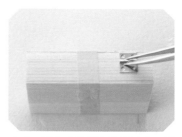

08 用多功能黏膠將鉸鏈黏在記號位置。

09 用瞬間膠黏上燙鑽。

10 金屬環黏在耳環扣（左），並將塗上黏膠的皮革對摺（右）。

11 皮革穿過金屬環，兩端反摺5mm 左右黏合。

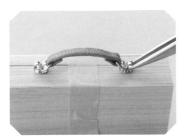

12 耳環扣後面塗上多功能黏膠，黏在距離本體邊緣約15mm 左右的位置。

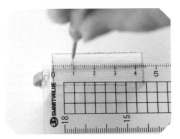

13 蓋子側面距離提把 10mm，本體側面距離邊緣 5mm 的位置用手鑽鑽出直徑 1mm的開孔。

14 將釘子長度剪至 3mm。

15 將剪短的釘子前端穿過開孔。

16 為了讓穿過的釘子不容易鬆脫，從內側用瞬間膠黏接。

17 剩餘三處也用相同的方法穿過釘子。

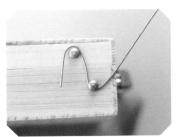

18 將黃銅線從蓋子的釘子往本體的釘子彎繞成 S 形。

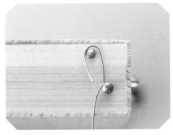

19 將本體的黃銅線繞在釘子上2～3 次，捲緊後剪掉。

20 蓋子的黃銅線不用捲緊，留下適當長度剪斷，掛在釘子上。

21 塗裝後即完成。

22 提把可拆卸，塗色時請先取下。

23 用 WEATHERING COLOR（WC03 深棕色）或者是WEATHERING COLOR（WC02 原野棕）塗色。

金屬行李箱的作法

材料和尺寸
〈完成尺寸〉
高 45mm×深 17mm×長 60mm
〈材料〉 畫箱部件
耳環扣 3 個
直徑 3mm 耳針平台 1 個
直徑 6mm 金屬環 2 個、直徑 8mm 金屬環 1 個
寬 8mm 薄皮革約 200mm
變形銅板數片
直徑 2mm 金色手工藝燙鑽適量

01 準備的畫箱部件,不需在側面開出釘孔。側面塗上黑色打底劑。

02 待乾之後,將樹脂砂混入黑色打底劑,再塗一層。再次乾了後,用海綿沾取壓克力顏料(厚重銅)輕輕拍打上色。

03 用瞬間膠將染黑的銅板黏在本體和蓋子。製作技巧和鐵鑄風吊門(90 頁)相同。利用剩餘的銅板即可。

04 將直徑 8mm 金屬環穿過耳環扣,用多功能黏膠黏在提把側的中央。在蓋子側開孔,將耳針平台穿過,從內側用瞬間膠固定。

05 在距離側面提把側 5mm 位置,用多功能黏膠將耳環扣黏在本體側。

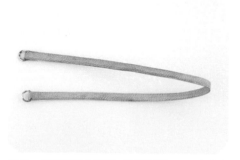

06 皮革穿過金屬環,兩端反摺 5mm 左右黏合。

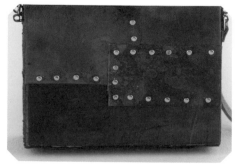

07 用瞬間膠將燙鑽等距間隔黏在銅板重疊處。

08 肩帶穿過兩側的耳環扣,金屬行李箱完成。

洗筆筒
的作法

材料和尺寸
〈材料〉
金屬罐部件（請參照 83 頁）
市售齒輪部件（齒輪內徑須配合金屬罐外徑）

01 拆除金屬罐的蓋子，用瞬間膠黏上右邊的齒輪部件，並且將左邊的齒輪部件黏在底部。

02 上部的車輪部件，可當成洗筆筒的分隔。齒輪內徑需吻合金屬罐外徑。

03 依喜好加上紅色鏽化加工或塗色。

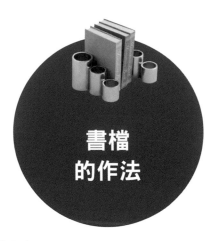

書檔
的作法

材料和尺寸
〈材料〉 間隔環 內徑 10mm×外徑 12mm×長 20mm×2 個
間隔環 內徑 8mm×外徑 10mm×長 15mm×2 個
間隔環 內徑 8mm×外徑 10mm×長 10mm×2 個

01 準備材料。

02 將間隔環由高到低並排，中間用瞬間膠黏合。用同樣的方法再製作一組。

03 完成作品的使用範例。

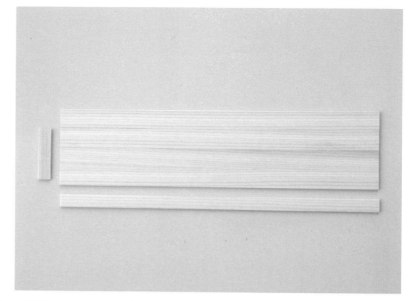

長椅凳的作法

材料和尺寸

〈完成尺寸〉

高 74mm×深 60mm×長 250mm

〈材料〉

層板支架「ㄈ字形」70mm 2 個

六角螺帽「M8」2 個

螺帽蓋「M5」2 個

磁磚適量

木材　底板：2mm 厚板材 60×250mm 1 片

縱邊框：2mm 厚木條 10×40mm 4 條

橫邊框：2mm 厚木條 10×250mm 2 條

※木材都是檜木

※除非有特例，否則黏膠都使用木工膠

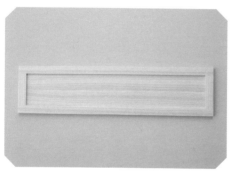

01 將邊框黏在底板。

02 準備 2 組裁成縱邊 6 段、橫邊 15 個的磁磚，還有 1 組裁成縱邊 6 段、橫邊 1 個的磁磚。※收縮幅度會因為製作磁磚的環境而有不同，請適時調整使用的磁磚數量。

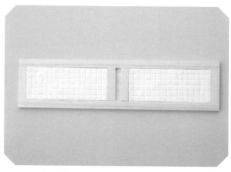

03 將瓷磚裝入底板，放上 2 條剩餘的縱邊框，確認尺寸。

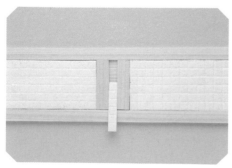

04 在中心放入裁成 6 段×1 個的磁磚，確認尺寸的樣子。

05 確認好後取出磁磚，塗上 WEATHERING COLOR（WC02 原野棕）。不要塗到磁磚放置處。

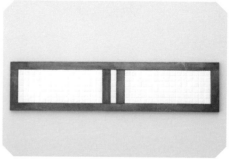

06 塗色乾了之後黏上磁磚。

07 用專用稀釋液將 WEATHERING COLOR（WC06 灰色）稀釋至 5～8 倍左右，一邊調整濃淡，一邊上色。

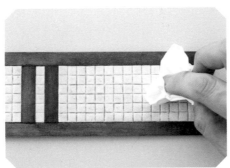

08 趁未乾之際，用面紙隨處按壓吸去水分。

09 確認舊化塗色的效果。長板凳的本體也會沾到 WEATHERING COLOR，一起施以舊化處埋。

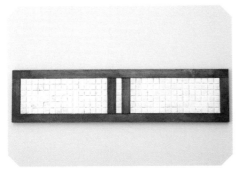

10 等待乾燥。

11 用多功能黏膠將層板支架金屬配件，黏在距離長板凳背面邊緣 15～20mm 的位置。

12 用瞬間膠將六腳螺帽和螺帽蓋黏在椅腳。這個設定為將長板凳的椅腳固定在地面。金屬部分可依喜好施以紅色鏽化加工。

圓板凳
的作法

材料和尺寸

〈完成尺寸〉

高 70mm～80mm 可調整　直徑 50mm

〈材料〉　直徑 50mm 紙張 1 張

直徑 50mm 軟木片 1 片

直徑 70mm 薄皮革 1 片

直徑 5mm 黃銅色燙鑽 8 顆

線徑 1.4×外徑 16mm 壓縮彈簧 29mm 1 根

※除非有特例，否則黏膠都使用木工膠

直徑 50mm 鐵板螺母「M8」2 個

長 75mm 長螺絲桿「M8」1 個

圓墊片「8×18」2 個

六角螺帽「M8」1 個

蝶型螺帽「M8」1 個

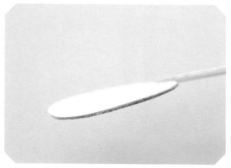

01 將厚紙板和軟木片黏合。

02 軟木片該面朝下，重疊在皮革背面中央。

03 皮革剪出牙口，黏在厚紙板上。

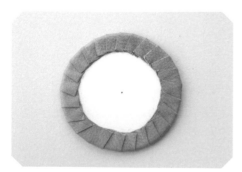

04 黏完一圈的樣子。

05 像是塞住鐵板螺母的開孔般，用瞬間膠黏上燙鑽。

06 除了椅面之外，用於圓椅凳的部件。

07 除了長螺絲桿，在所有金屬部件的塗裝面塗上金屬漆，待其乾燥。

08 塗上水性壓克力漆（黑鐵色）。椅面黏接部分及不會露出的部分也可以不塗色。

09 部件完成塗色的樣子。

10 長螺絲桿由下依序穿過鐵板螺母、蝶型螺帽、圓墊片、彈簧、圓墊片、六角螺帽、鐵板螺母。

11 椅面的皮無著色，也可以依自己喜好塗上專用稀釋液稀釋後的 WEATHERING COLOR（WC01 黑色）。

12 用多功能黏膠將椅面黏在鐵板螺母。

13 可依喜好在金屬部分加上紅色鏽化加工。

人字拼木桌的作法

材料和尺寸

〈完成尺寸〉

高 100～110mm×深 127mm×長 127mm

〈材料〉 線徑 1.6×外徑 16mm 壓縮彈簧 71mm 1 根、直徑 80mm 鐵板螺母「M8」1 個、直徑 50mm 鐵板螺母「M8」1 個、長螺絲桿「M8」100mm 1 個、圓墊片「8×18」2 個、六角螺帽「M8」2 個、螺帽蓋「M5」4 個

木材 頂板底座：4mm 厚 MDF 板材 125×125mm 1 片

頂板：1mm 厚木條 10×35mm 約 60 片

頂板側邊：裝飾線板❺125mm 凸邊 2 條

頂板側邊：裝飾線板❺127mm 凹邊 2 條

01 在正方形的 MDF 板材上畫出對角線。

02 從中心將板材以 90 度角交互黏接。

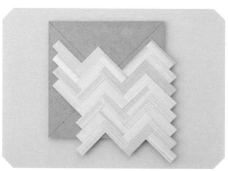

03 重複黏滿頂板底座，形成 V 字形圖樣。

04 頂板底座全部黏滿板材後，翻面裁掉超出的板材。

05 用磨砂紙修平至所有板材毫無參差落差，讓表面如同一張板材。

06 這是板材與側邊黏合前的位置示意圖。凸邊線板黏在凸邊線板的對邊，凹邊線板黏在凹邊線板的對邊。

07 黏在側邊的凹凸邊條。凸的部分約有深1mm 的刻槽。

08 黏接側邊。

09 側邊黏合後，頂板四周會出現高 1mm 的收邊條。

10 用 WEATHERING COLOR（WC03 深棕色）或 WEATHERING COLOR（WC02 原野棕）塗色。

11 頂板背面塗上水性壓克力漆（黑鐵色）。

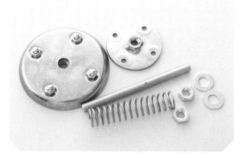

12 用瞬間膠黏上螺帽蓋，以便隱藏直徑80mm 鐵板螺母的螺絲孔。壓縮彈簧和六角螺帽之外的金屬部件都塗上金屬漆。

13 塗上金屬漆的部件再塗上水性壓克力漆（黑鐵色）。螺帽蓋可依喜好塗色或不塗色。

14 長螺絲桿由下依序穿過鐵板螺母、六角螺帽、圓墊片、彈簧、圓墊片、六角螺帽、鐵板螺母。

15 用多功能黏膠將直徑 50mm 的鐵板螺母黏在頂板背面中央。可依喜好施以鏽化加工即完成。

紅磚櫃的作法

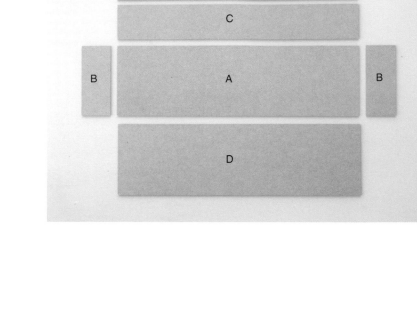

材料和尺寸

〈完成尺寸〉

高 110mm×寬 352mm×深 52mm

木材 頂板：2mm 厚檜木板 50×348mm 1 片

〈材料〉

底座：4mm 厚 MDF 板材 100×345mm 2 片

4mm 厚 MDF 板材 50×345mm 2 片

4mm 厚 MDF 板材 42×100mm 2 片

紅磚片約 6 片

01 頂板用 WEATHERING COLOR（WC02 原野棕）塗色。

02 塗上油性著色漆（透明）。

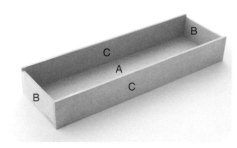

03 依照 A、B、C 的順序組裝。

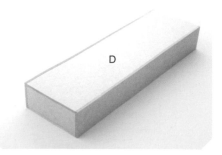

04 最後黏上 D。

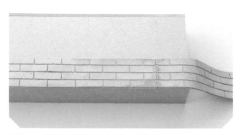

05 從地面這側開始黏紅磚。

06 若有剩餘，將貼上紅磚的面朝下，裁掉多餘的紅磚片。

07 用磨砂紙修平裁切斷面。若不夠長時，要對齊圖樣黏貼避免補貼時出現不自然的接縫。

08 用 WEATHERING COLOR（WC03 深棕色和 WC02 原野棕）塗色。

09 用稀釋液將 WEATHERING COLOR（WC05 白色）稀釋 6～7 倍左右，用細筆塗在細縫中。

10 將 WEATHERING COLOR（WC06 灰色）稀釋 5 倍左右，用細筆塗在細縫和各處。

11 放上頂板即完成。

窗下收納櫃的作法

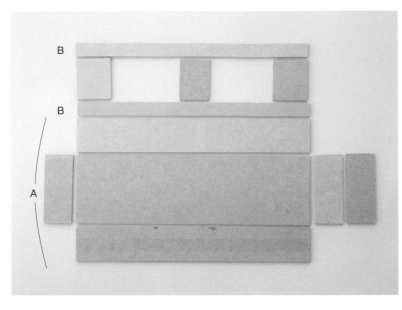

材料和尺寸

〈完成尺寸〉

高 110mm×寬 347mm×深 51mm

〈材料〉

底座：4mm 厚 MDF 板材 100×345mm 1 片
4mm 厚 MDF 板材 50×345mm 2 片、4mm 厚 MDF 板材 42×100mm 3 片、4mm 厚 MDF 板材 50×60mm 2 片、4mm 厚 MDF 板材 45×60mm 1 片、4mm 厚 MDF 板材 20×345mm 2 片

木材 頂板：1mm 厚木條 15×150mm 10 條

正面：1mm 厚木條 4×347mm 2 條、1mm 厚木條 10×347mm 4 條、1mm 厚木條 10×50mm 12 條、1mm 厚木條 10×45mm 6 條

側面：1mm 厚木條 10×108mm 10 條

※木材都是檜木　※除非有特例，否則黏膠都使用木工膠

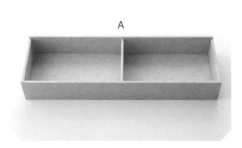

01 將 A 組裝黏合。

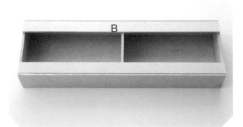

02 將 B 的橫邊長板黏在 A。

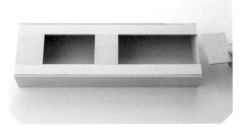

03 將寬 45mm 的板材黏在正中央，並把寬 50mm 的板材黏在兩邊。

04 將檜木板材黏在兩邊側面。

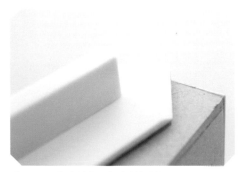

05 用磨砂紙修平超出的板材。

06 將檜木板黏在兩邊側面後，接下來黏在正面。

07 背面可以不黏檜木板材。

08 黏好的部分用磨砂紙磨平。

09 檜木板黏在正面時，超出部分也用磨砂紙修平。

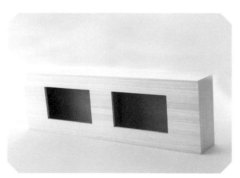

10 磨砂結束。

11 製作頂板。放上板材。頂板不黏在本體。可製作龜裂（參照基本課程）頂板替換，增添樂趣。

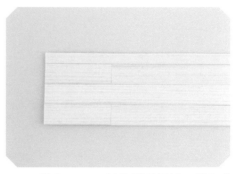

12 黏合 1mm 厚的側面板材，製作成 52×350mm 的頂板。

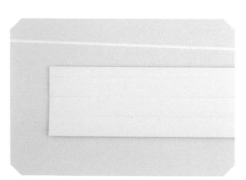

13 頂板塗上牛奶漆（#30 奶油香草）。

14 用 WEATHERING COLOR（WC02 原野棕）塗出汙漬感。

15 本體塗上牛奶漆（#30 奶油香草），再塗上白色壓克力顏料做出汙漬感。

嵌入式層櫃的作法

材料和尺寸

木材

外框縱邊：裝飾線板❶58mm 2 條（兩端為 45 度角）

外框橫邊：裝飾線板❶98mm 2 條（兩端為 45 度角）

底板：1mm 厚板材 56×96mm 1 片

背框縱邊：1mm 厚木條 15×56mm 2 條

背框橫邊：1mm 厚木條 15×98mm 2 條

※木材都是檜木

※除非有特例，否則黏膠都使用木工膠

01 黏接四個角，製作成外框。

02 底板周圍黏上 58×98mm 的邊框。

03 將底框黏在外框背面。

04 底框正面的樣子。

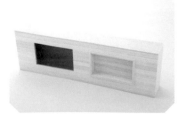

05 試著嵌入層櫃的樣子。

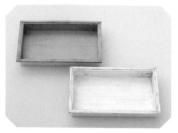

06 用牛奶漆（#40 開心果綠）塗色後再用 WEATHERING COLOR（WC02 原野棕）塗出汙漬感。

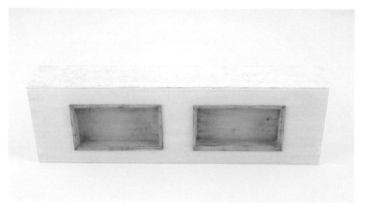

櫃框 的作法

材料和尺寸

〈完成尺寸〉

高 62mm×深 16mm×寬 82mm

木材

外框縱邊：裝飾線板❷62mm 2 條（兩端為 45 度角）

外框橫邊：裝飾線板❷82mm 2 條（兩端為 45 度角）

背框縱邊：2mm 厚木條 15×50mm 2 條

背框橫邊：2mm 厚木條 15×74mm 2 條

※木材都是檜木

※除非有特例，否則黏膠都使用木工膠

01 黏接四個角，製作外框。

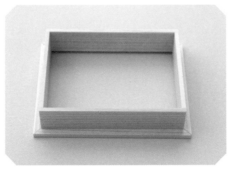

02 黏接四個角，做成寬 54×74mm 的背框。將背框黏在外框背面。

03 完成。用牛奶漆（#1 雪白）塗色後，再用 WEATHERING COLOR（WC01 黑色）塗出汙漬感。

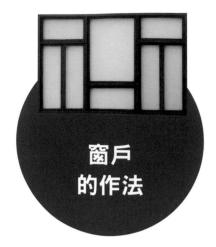

窗戶的作法

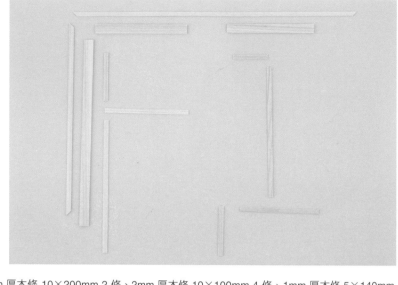

材料和尺寸

〈完成尺寸〉

高 306mm×寬 206mm

木材

邊框：1mm 厚木條 5×205mm 2 條（兩端為 45 度角）

1mm 厚木條 5×305mm 2 條（兩端為 45 度角）

〈材料〉 窗戶塑膠板（請參考步驟）

※木材都是檜木

※除非有特例，否則黏膠都使用木工膠

窗戶中央：2mm 厚木條 10×200mm 2 條、2mm 厚木條 10×100mm 4 條、1mm 厚木條 5×140mm 4 條、1mm 厚木條 5×52mm 4 條、1mm 厚木條 5×90mm 8 條

窗戶左邊：2mm 厚木條 10×200mm 2 條、2mm 厚木條 10×94mm 4 條、1mm 厚木條 5×52mm 4 條、1mm 厚木條 5×140mm 8 條、1mm 厚木條 5×84mm 4 條、1mm 厚木條 5×37mm 8 條

窗戶右邊：2mm 厚木條 10×200mm 2 條、2mm 厚木條 10×94mm 4 條、1mm 厚木條 5×52mm 4 條、1mm 厚木條 5×140mm 8 條、1mm 厚木條 5×84mm 4 條、1mm 厚木條 5×37mm 8 條

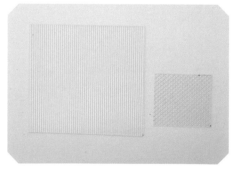

01 放在中央窗戶的塑膠板尺寸

高 140×寬 100mm 1 片

高 52×寬 100mm 1 片。

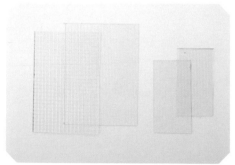

02 放在左右窗戶的塑膠板尺寸

高 52×寬 94mm 各 1 片

高 140×寬 94mm 各 1 片。

03 製作中央窗戶。用 2mm 厚的板材組裝黏成窗框。

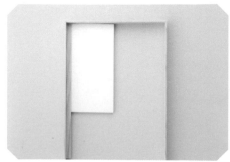

04 用塑膠板角料製作成厚 3mm 的治具，將 140mm 的板材黏在窗框。因為治具放在板材和地面間，所以板材和地面有 3mm 的空間。

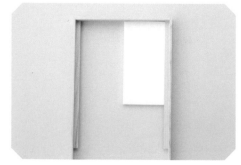

05 另一側也用相同方法黏上 140mm 板材。

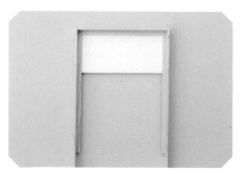

06 黏上 90mm 板材。

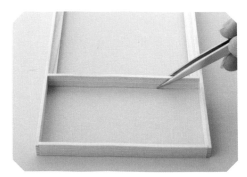

07 將 2mm 厚 10×100mm 板材黏在框內。

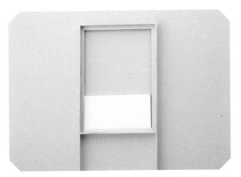

08 將治具放在 **07** 黏接處，黏上與 **06** 相同尺寸的板材。

09 在 **07** 的板材前黏上相同尺寸的板材。

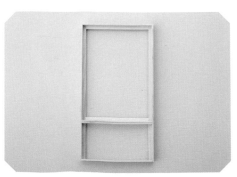

10 利用治具將 52mm 板材黏在兩側的樣子。

11 同樣放上治具，讓板材與地面產生空間，在上下黏上 90mm 板材的樣子。

12 中央窗戶（只有單面）完成。

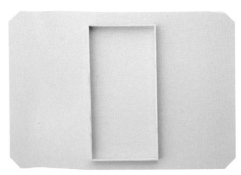

13 製作左邊窗戶。用 2mm 厚的板材組裝黏成窗框。

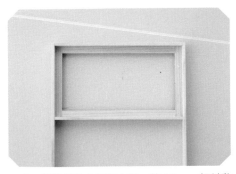

14 將治具放在窗框上部，將 52mm 板材黏在兩側，84mm 板材黏在上下的樣子。

15 俯瞰 **14** 的樣子。

16 將治具放在 **15**，先將 140mm 板材黏在兩側後，再黏上 37mm 板材的樣子。

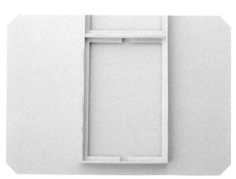

17 在 **16** 的右側和下部的左右都黏上 37mm 板材的樣子。

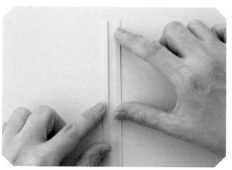

18 將 140mm 板材並排，兩者相黏。

19 將 **18** 相黏的樣子。

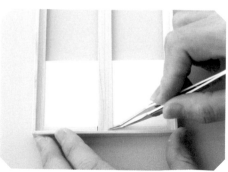

20 將 **19** 黏在窗框中央空隙。

21 左側窗框（只有單面）完成。

22 左側窗框和中央窗框相黏。

23 也製作一個右側窗框，並且與中央窗框相黏。

24 將塑膠板放入窗框。

25 在塑膠板上黏上 140mm 板材。另一側也同樣黏上長 140mm 的板材，再黏上 37mm 的板材。

26 製作與 **19** 相同的部件，黏在 **25**。其他窗戶也用相同方式黏上板材。

27 205×305mm 的板材兩端裁成 45 度角後，黏接四個角做成邊框，並黏在 **26**。

28 黏接完成的樣子。依喜好塗色即完成。為了避免塑膠板沾到顏料，可以在材料的階段先塗色，或在塑膠板貼上紙膠帶。

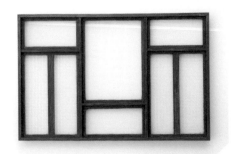

29 若想讓窗框表現出年久老舊的樣子，可先組裝好再塗上 WEATHERING COLOR。

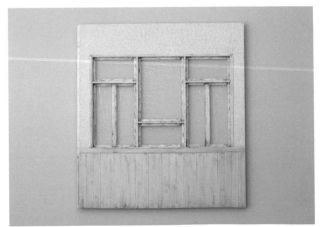

可換式門扉的作法

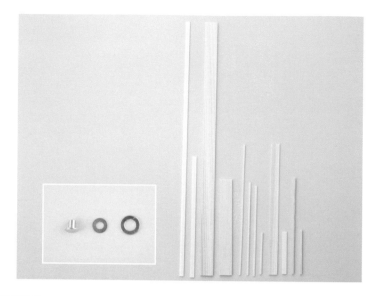

材料和尺寸

〈完成尺寸〉

高 307mm×深 5mm×寬 145mm

〈材料〉

門把：內徑 4×外徑 10mm 圓墊片 3 個

粗 4.5mm 對鎖螺絲 6mm 1 根

內徑 6×外徑 13mm 圓墊片 1 個

※木材都是檜木

※除非有特例，否則黏膠都使用木工膠

木材 外蓋門片和替換門片通用：2mm 厚木條 15×305mm 4 條、2mm 厚木條 15×113mm 6 條、1mm 厚木條 10×155mm 2 條、1mm 厚木條 5×49.5mm 8 條、1mm 厚木條 2×155mm 4 條、1mm 厚木條 2×105mm 4 條、1mm 厚木條 2×109mm 4 條、1mm 厚木條 2×49.5mm 8 條

外蓋門片：1mm 厚木條 5×305mm 2 條、1mm 厚木條 5×143mm 2 條

替換門片：2mm 厚木條 2×113mm 2 條、2mm 厚木條 2×50mm 3 條

01 用瞬間膠將 2 個內徑 4mm 的圓墊片黏在對鎖螺絲。

02 用瞬間膠將內徑 4mm 的圓墊片黏在內徑 6mm 的圓墊片上面。

03 將 01 穿過 02，從內側塗上瞬間膠黏接。用模型顏料（鋼彈麥克筆金色）塗色。

04 將寬 15mm 縱板和橫板的四個角相黏，製作成外框。

05 在距離地面 120mm 的位置黏上寬 15mm 的橫板。

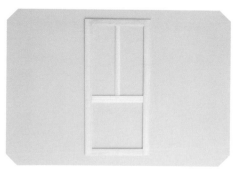

06 將寬 10mm 的板材黏在上部中央。

07 用寬 2mm 板材在上下框內黏成內框。

08 在 **06** 黏上的板材兩側,等距間隔黏上 4 根寬 5mm 的板材。再依照 **04～08** 的步驟製作出 2 個相同的部件。

09 製作外蓋門片。將 5mm 板材黏在門的上邊。剩下的三邊也用相同方式黏接。

10 外蓋門片翻到正面的樣子。門的外圈產生深 3mm 的溝槽,替換門片可裝入這個溝槽。

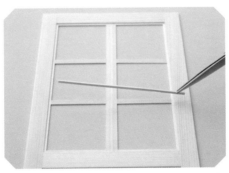

11 製作替換門片。黏上 2 根 2mm 的方形板材,做出橫向分隔。

12 黏上 3 根 2mm 的方形板材,做出縱向分隔。

13 被分隔的框格部分可放入 6 片玻璃窗。

14 替換門片完成。

15 外蓋門片翻至正面,用多功能黏膠將門把黏在距離地面 140mm 的位置。

16 使用牛奶漆（#01 雪白）塗色，再用 WEATHERING COLOR（WC01 黑色）塗出汙漬感。金色門把也做出一點汙漬感會更有氣氛。

17 將塑膠板嵌入各分隔內，蓋上外蓋門片。市面上也有販售具設計感的塑膠板。

18 可換式門扉完成。

乾燥花裝飾
的作法

材料和尺寸

〈完成尺寸〉

寬 25mm×長 50mm 左右

〈材料〉

麻繩

各種乾燥花

※除非有特例，否則黏膠都使用木工膠

01 準備材料。

02 將孔雀草放在透明樹葉上。

03 再放上星草。

04 放上滿天星等喜歡的花，將根部黏合。

05 剪下一小段紙膠帶捲在黏合的根部。

06 麻繩在紙膠帶上打結。

07 麻繩兩端打結做出一個圈。

08 完成。

隔間屏風的作法

材料和尺寸

〈完成尺寸〉

高 250mm×寬 154mm

〈材料〉

鉸鏈 8×10mm 4 個

鉸鏈釘：直徑 1.5mm 金色燙鑽 16 顆

玻璃：工藝塑膠板 42×242mm 3 片

木材 外框縱邊：裝飾線板❺250mm 6 條、外框橫邊：裝飾線板❺50mm 6 條

背面內框縱邊：1mm 厚木條 2×242mm 6 條、背面內框橫邊：1mm 厚木條 2×42mm 6 條

中軸：1mm 厚木條 5×38mm 6 條（正面 3 條＋背面 3 條）

※木材都是檜木　※除非有特例，否則黏膠都使用木工膠

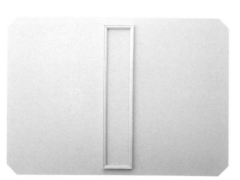

01 黏接四個角製作成外框。

02 將中軸黏在外框中心。

03 外框黏上中軸的樣子。

04 用多功能黏膠將隔間屏風的本體和鉸鏈相黏。用瞬間膠將鉸鏈和燙鑽相黏。

05 鉸鏈黏在距離上面 20mm 以及距離下面 30mm 的位置。

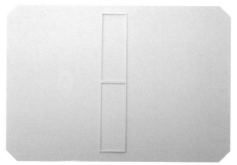

06 黏接四個角製作成背面內框，也黏上背面內框的中軸。黏接中軸時，位置須調整至與間隔屏風本體的中軸重疊。

07 隔間屏風的背面和背面內框。

08 隔間屏風的正面。

09 用 WEATHERING COLOR（WC03 深棕色）塗色。

10 用壓克力顏料（UNBLEACHED TITANI-UM）畫出舊化感。依喜好放入霧面玻璃風的塑膠板即完成。

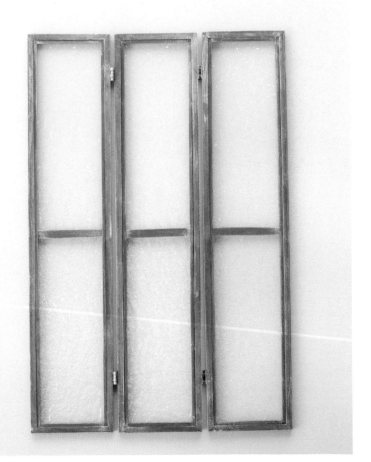

椅子的作法

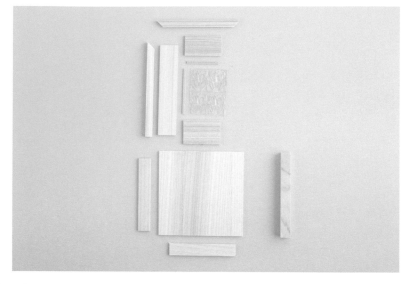

材料和尺寸

〈完成尺寸〉
高 152mm×寬 70mm×深 75mm

〈材料〉
椅背鏤空：裝飾圖樣膠製部件 4 片

※木材都是檜木
※除非有特例，否則黏膠都使用木工膠

木材 椅背外框縱邊：裝飾線板❷80mm 2 條（一端為 45 度角）、椅背外框橫邊：裝飾線板❷70mm 1 條（兩端為 45 度角）、椅背內框縱邊：2mm 厚木條 15×75mm 2 條、椅背內框橫邊（上）：2mm 厚木條 30×17mm 1 條、椅背內框橫邊（下）：2mm 厚木條 30×20mm 1 條、椅背內框縱邊（小）：1mm 厚木條 2×38mm 2 條、椅背內框橫邊（小）：1mm 厚木條 2×26mm 2 條、椅面：2mm 厚木條 70×70mm 1 條、牙板（前後）：2mm 厚木條 10×60mm 2 條、牙板（左右）：2mm 厚木條 10×56mm 2 條、椅腳：80mm 方形木條 70mm 4 條

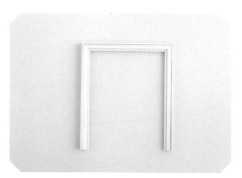

01 黏接外框。

02 將內框黏在外框。

03 將小內框黏在中央開口，椅背部件完成。

04 試試放入鏤空部件，確認尺寸。椅子本體的塗色完成後再黏接鏤空部件。

05 椅面前面二個角用圓口刀削圓後，用磨砂紙修圓。

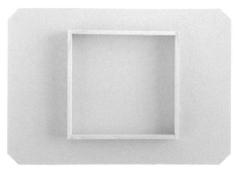

06 黏接四個角，製作成椅面下的牙板。

07 將椅背黏在椅面。

08 將牙板黏在椅面下方。

09 椅子塗色，施以龜裂加工。塗色乾後，用瞬間膠黏上鏤空部件。塗色：WEATHERING COLOR（WC02 原野棕）、牛奶漆（#30 奶油香草）、龜裂劑。

10 塗上 WEATHERING COLOR（WC03 深棕色）。

11 乾了後，將椅腳黏在椅面下即完成。

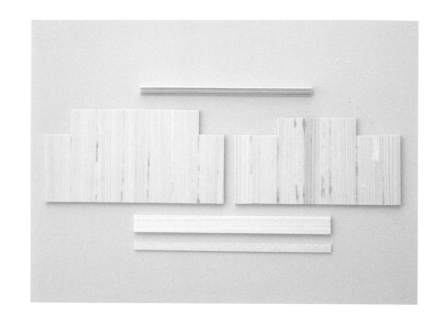

靠牆桌
的作法

材料和尺寸

〈完成尺寸〉 高 119mm（地面～頂板）x 深 45mm×寬 100mm

木材 裝飾：裝飾線板❻100mm 1 條

頂板：2mm 厚直徑 100mm 的半圓板材 1 片、

頂板背面：2mm 厚直徑 90mm 的半圓板材 1 片

桌腳 1：2mm 厚木條 10×115mm 3 條、桌腳 2：1mm 厚木條 5×115mm 3 條

※木材都是檜木

※除非有特例，否則黏膠都使用木工膠

01 準備直徑 100mm 的厚紙板。

02 厚紙板裁半，放在板材上，描出半圓形。

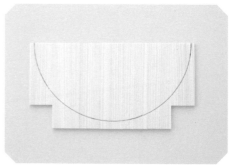

03 描出半圓輪廓後，用刀片等裁掉不要的部分，用磨砂紙修圓。

04 全部用磨砂紙修平，平面的部份也要修平。背面可以不磨砂處理。

05 描出直徑 90mm 的半圓輪廓後，用刀片等裁掉不要的部分，用磨砂紙修圓。

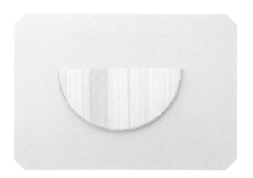

06 直徑 90mm 的半圓同樣要經過磨砂處理。

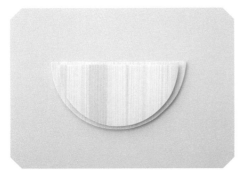

07 將直徑 90mm 的半圓黏在直徑 100mm 的半圓背面。並在直徑 100mm 長邊的邊緣，空出 3mm 的空間，黏上直徑 90mm 的半圓。

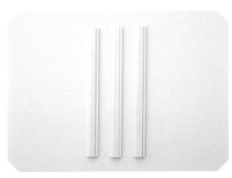

08 將腳 2 黏在腳 1 的中央。

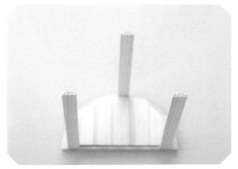

09 將椅腳黏在頂板背面。

10 準備裝飾線板 **❻**。

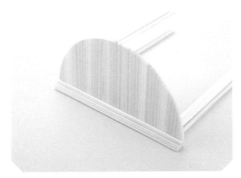

11 將裝飾黏在頂板上面。

12 如果桌子要黏在牆面時，後面 2 隻桌腳的長裁掉 10mm。如果沒有要黏在牆面，3 隻桌腳一樣長。

桌腳塗色：WEATHERING COLOR（WC03 深棕色）加上壓克力顏料（UNBLEACHED TITANIUM）塗出汙漬感。
頂板塗色：以牛奶漆（＃40 開心果綠）加上 WEATHERING COLOR（WC02 原野棕）塗出汙漬感。

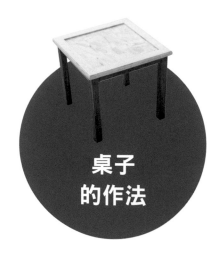

桌子的作法

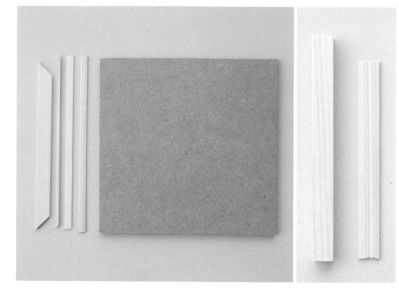

材料和尺寸

〈完成尺寸〉 高 116mmx 深 127mm×寬 127mm

〈材料〉

頂板底座：4mm 厚 MDF 板材 125×125mm 1 片

木材 頂板側邊：1mm 厚板材 5×127mm 2 片

頂板側邊：1mm 厚板材 5×125mm 2 片

頂板外框：2mm 厚木條 2×125mm 4 條（兩端為 45 度角）

頂板內框：2mm 厚木條 10×121mm 4 條（兩端為 45 度角）

牙板：2mm 厚木條 10×95mm 4 條

桌腳：10mm 方形木條 110mm 4 條

※木材都是檜木　※除非有特例，否則黏膠都使用木工膠

01 將長 125mm 板材相對黏在底座側邊，將長 127mm 板材黏在剩餘兩邊。

02 在上面黏上外框。

03 將內框黏在底座上面。

04 塗上 WEATHERING COLOR（WC03 深棕色）。

05 重複塗色至喜歡的濃淡色調。

06 乾了後，塗上牛奶漆（#30 奶油香草）。表面待乾了後，再塗上龜裂劑。

07 塗料乾了後，呈現龜裂的樣子。

08 頂板翻面，在邊緣空出 5mm 的空間，黏上桌腳。

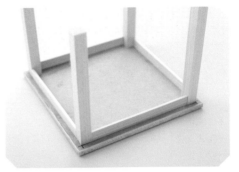

09 桌腳間黏上牙板。

10 塗上 WEATHERING COLOR（WC03 深棕色）。

11 乾了後貼上紙膠帶遮蓋，塗上牛奶漆（#30 奶油香草）。※因為是看不到的部分，也可以不塗色。

12 乾燥後，撕除紙膠帶。

13 桌子本體完成。

14 將完成舊化塗色的磁磚嵌入頂板凹處即完成。

15 為了製作原型，將未經舊化塗色的磁磚，用雙面膠貼在倒入矽膠的框中。

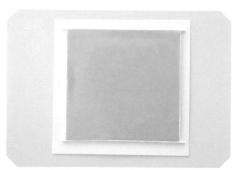

16 倒入藍白土 SOFT。

17 完成有磁磚圖樣的矽膠模具。

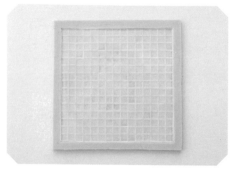

18 倒入環氧樹脂。

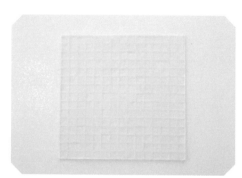

19 硬化後成形玻璃磁磚。

20 裝入頂板凹處即完成。
※完成磁磚風格和玻璃磁磚風格 2 種。

彩繪玻璃的紙型（實物大）

請以彩色列印或電腦掃描後使用。

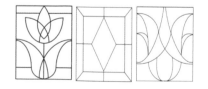

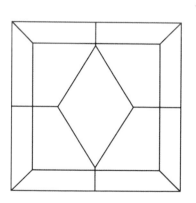

彩繪玻璃的作法

材料和尺寸

〈材料〉

印刷草圖

塑膠板：切割尺寸

大畫框用：0.3mm 厚 33×33mm

小畫框用：0.3mm 厚 18×23mm

門用：0.3mm 厚 50×50mm 左右（配合實物）

01 準備 UV 膠和玻璃顏料。

02 剪下符合用途尺寸的塑膠板並在塑膠板中央放置草圖，用市售的玻璃顏料描邊。

03 用牙籤等前端尖細的工具描邊。

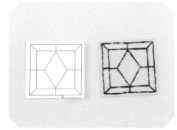

04 描完草圖後，待其乾燥。

05 在 UV-LED 膠內加入專用染料塗色。

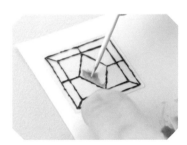

06 用牙籤的尖端在塑膠板塗上 UV 膠。

07 若使用的 UV 膠適用 LED 燈時，可能會因為桌上的 LED 燈開始硬化，還請注意。

08 塗色結束的樣子。

09 用光線照射硬化。

彩繪玻璃畫框（小）的作法

材料和尺寸

〈完成尺寸〉 縱邊 32mm×橫邊 27mm

木材 外框縱邊：裝飾線板❷32mm 2 條

外框橫邊：裝飾線板❷27mm 2 條

背面外框縱邊：3mm 厚木條 2×26mm 2 條

背面外框橫邊：3mm 厚木條 2×19mm 1 條

背面內框縱邊：2mm 厚木條 2×20mm 2 條

背面內框橫邊：2mm 厚木條 2×19mm 2 條

※木材都是檜木

※除非有特例，否則黏膠都使用木工膠

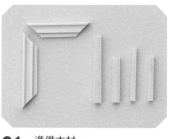

01 準備木材。

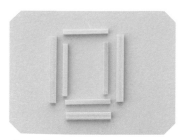

02 背面外框和背面內框黏接之前的位置關係。上部為彩繪玻璃的插入口。

03 背面外框橫條（底部）和背面內框橫條（底部）、背面外框縱條和背面內框縱條黏接，就會產生高低層次。

04 將背面內框橫條（上部）黏在背面外框縱條，就會產生插入口。

05 黏接外框的四個角。

06 將背框重疊在外框背面。

07 外框和背框黏接的樣子。

08 背面的樣子。

09 依喜好塗上壓克力顏料或是 WEATHERING COLOR。

10 若要做成立式相框，需準備鉸鏈。

11 將 2 個畫框正面相對，為避免移動，貼上雙面膠固定，用多功能黏膠或瞬間膠黏上鉸鏈。

12 完成。

彩繪玻璃畫框（大）的作法

材料和尺寸

〈完成尺寸〉 縱邊 42mm×橫邊 42mm

木材 外框縱橫：裝飾線板❷42mm 4 條
背面外框縱邊：3mm 厚木條 2×36mm 2 條
背面外框橫邊：3mm 厚木條 2×34mm 1 條
背面內框縱邊：2mm 厚木條 2×30mm 2 條
背面內框橫邊：2mm 厚木條 2×34mm 2 條

※木材都是檜木　※除非有特例，否則黏膠都使用木工膠

01 背面外框和背面內框黏接之前的位置關係。上部為彩繪玻璃的插入口。

02 背面外框橫條（底部）和背面內框橫條（底部）黏接，就會產生高低層次。

03 背面外框縱條和背面內框縱條黏接，就會產生高低層次。將背面內框橫條（上部）黏在背面外框縱條，就會產生插入口。

04 黏接外框的四個角，製作出外框。

05 將背框黏在外框背面。

06 從背面看的樣子。

07 用茶色調壓克力顏料塗色後，用黃土色調舊化塗色。或塗上喜歡的 WEATHERING COLOR。

蛋白霜
的作法

材料和尺寸
〈材料〉
輕量黏土奶油土適量

01 使用市售的黏土。

02 用極少量的顏料染出淡淡的顏色，表現出蛋白霜的樣子。

03 為了避免乾燥要盡快混合。

04 將黏土裝入市售的針管。

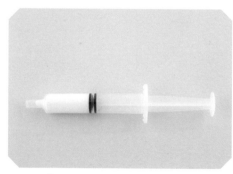

05 裝好的樣子。

06 為了方便剝離，擠在塑膠板上。等完全乾燥後剝離。

密封罐
的作法

材料和尺寸

〈完成尺寸〉 直徑 22mm×高 22mm

〈材料〉 加厚圓筒：內徑 20×外徑 22mm PC
管 20 或 15mm

木材 蓋子：2mm 厚板材 23×23mm 1 片
墊片：1mm 厚板材 21×21mm 1 片

※木材都是檜木
※除非有特例，否則黏膠都使用木工膠

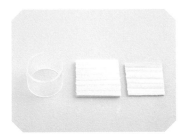

01 準備材料。

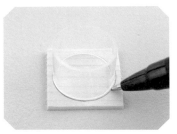

02 在 23mm 方形板材上標記出圓筒外徑的輪廓線。

03 在 21mm 的方形板材上標記出圓筒內徑的輪廓線。

04 沿著輪廓線裁切後，用磨砂紙修平。

05 將 2 片板材重疊黏貼，製作成蓋子。

06 將圓筒放在矽膠板上，倒入 UV-LED 膠，製作成罐底。

07 製作成簡單的罐底。
※倒入液體，製作底部的作法請參照 78 頁。

08 蓋子塗上油性著色漆（透明）。

餅乾和軟糖
的作法

材料和尺寸

〈材料〉
輕量黏土
纖維系紙粘土　適量

01 準備環氧樹脂。

02 以 1：1 的比例混合環氧樹脂。

03 餅乾用尖物輕輕劃出餅乾的樣子。

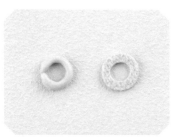

04 圓圈餅乾做成直徑 2mm 左右的長條狀，兩端連接後，輕輕劃出餅乾的樣子。

05 心型餅乾做成直徑 1mm 左右的長條狀，兩端連接，用牙籤輕輕劃出餅乾的樣子。

06 S 型餅乾做成直徑 1.5mm 左右的長條狀，兩端朝反方向捲。最後用牙籤輕輕劃出餅乾的樣子。

07 葉片餅乾做成直徑 5mm 左右的球狀，捏成淚滴狀後輕輕劃出餅乾的樣子。最後用刀子劃出葉脈。

08 原型硬化後，固定在雙面膠上，用藍白土 QUICK 按壓原型。矽膠模具完成。

09 將天使黏土和 HIGH CLAY 以 1：1 比例混合，用極少量的黃土色水彩顏料染出焦香色。

10 將黏土塞進 08 的矽膠模具，待乾燥後取出，用雙面膠固定。

11 用海綿沾取少量油性著色漆（淺橡木色）。

12 用海綿輕輕拍打、染上焦香色。

13 將餅乾放在矽膠墊上,將染色的 UV-LED 膠倒入開口,做成彩色玻璃餅乾。

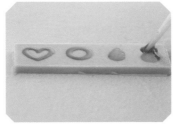

14 軟糖則是將染色的膠水(星之零軟 Q)倒入模具。模具最好使用透明的,如果使用有色矽膠時,要使用可透光的薄平模具。

15 分別用光線照射彩色玻璃餅乾和軟糖,使其硬化。

16 膠水類型為硬化後仍保有彈性,所以成品會像軟糖般柔軟。

17 如果彩色玻璃餅乾的膠水使用軟糖類型,成品會像果醬餅乾般柔軟。

餅乾盒的紙型(實物大)

請以彩色列印或電腦掃描後使用。

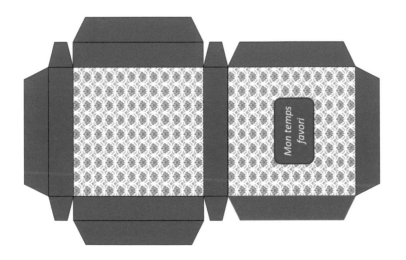

Mon temps favori

餅乾盒的作法

材料和尺寸

〈材料〉

盒底：0.5mm 厚塑膠板 30×30mm 1 片

分隔框：0.5mm 厚塑膠板 5×30mm 2 片

分隔框：0.5mm 厚塑膠板 5×9.5～9.7mm
（配合實物）6 片

外框：1mm 厚塑膠板 6×31mm 4 片（交錯組裝）

禮品盒印刷紙型

01 在盒底部件畫出九宮格線。

02 沿著畫線用塑膠模具黏膠黏上 1 片長分隔板。

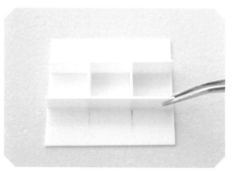

03 用塑膠模具黏膠黏上 2 片短分隔板，前面黏上長分隔板。

04 在 03 前面黏上 2 片短分隔板，另一側也黏上 2 片。

05 在 04 的側邊交錯黏上外框做成 32mm 方框。用磨砂紙修整，讓外框間不要產生隙縫。

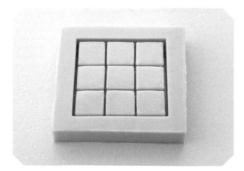

06 以 05 為原型，用藍白土 SOFT 翻模。

07 倒入以膠用顏料染色的環氧樹脂，依喜好也可以使用無染色的。

08 模具取出的樣子。

09 完成。

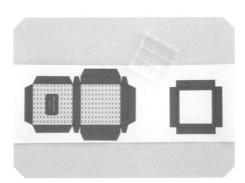

10 製作禮品盒。

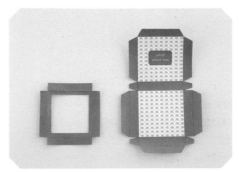

11 沿著輪廓線裁切。

12 摺出摺痕。

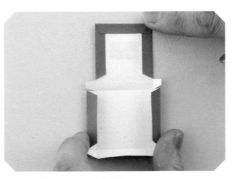

13 外盒的蓋子往內摺。

14 外盒的底先將左右側往內摺，再將前面的摺起。

15 黏合後放入矽膠製容器。

16 裝入盒框。

17 裝入餅乾即完成。

花圈的作法

01 準備材料。

02 利用直徑 35mm 的模型顏料罐，捲繞花藝鐵絲。

材料和尺寸
〈完成尺寸〉 直徑約 35mm
〈材料〉
小樹枝、乾燥花適量
#30 花藝鐵絲 11 根
直徑約 35mm 大：5 根＋纏繞用 1 根
直徑約 30mm 小：3 根＋纏繞用 1 根
大小綑綁用 1 根
※除非有特例，否則黏膠都使用木工膠

03 從顏料罐取下花藝鐵絲。

04 以纏繞用的花藝鐵絲固定捲繞尾端。

05 纏繞一整圈固定。

06 纏繞用鐵絲捲至最後，再用另一根鐵絲纏繞收整。

07 利用直徑 30mm 的膠水瓶（25g），捲繞花藝鐵絲。

08 與直徑 35mm 相同製作方法，纏繞一整圈固定。

09 將大小 2 個鐵絲圈重疊，用新的鐵絲穿過捲繞 2 圈。

10 用 09 的鐵絲將大小 2 個花圈束起，剪掉多餘的鐵絲，兩端捻成一束。

11 將小樹枝剪成適當的長度黏上。捲好的鐵絲和另一條鐵絲纏繞成一個圈。

12 依喜好黏上乾燥花裝飾。

望遠鏡的作法

材料和尺寸

〈完成尺寸〉 長 35～40mm（參考值）

〈材料〉

直徑 8mm 銅管 20mm 1 根

直徑 6mm 銅管 25mm 1 根

直徑 4mm 銅管 30mm 1 根

寬 2mm 鉛片 30mm 左右　6 片

01 準備材料。

02 將直徑 8mm 的銅管放在矽膠墊上，滴入 1 滴 UV-LED 膠。

03 用光線照射硬化。

04 UV 膠成了望遠鏡的鏡片。

05 直徑 6mm 的銅管製作方法與直徑 8mm 銅管相同。

06 直徑 4mm 的銅管製作方法與直徑 8mm 銅管相同。

07 3 種銅管內做出充當鏡片的 UV 膠的樣子。

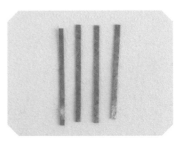

08 將鉛片裁成寬 2mm。

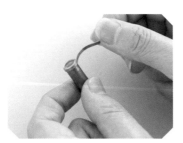

09 撕開離型紙，將鉛片捲覆在銅管。※鉛片若沒有黏膠，則使用瞬間膠或多功能黏膠。

10 捲好後裁斷。

11 直徑 8mm 銅管將鉛片黏在兩端。直徑 6mm 和 4mm 的銅管在一邊和任一處黏上鉛片。

12 依照直徑 8ｍｍ → 直徑 6mm→直徑 4mm 的順序重疊插入，各自重疊的地方用瞬間膠黏接。

礦石的作法

材料和尺寸
〈材料〉
迷你蠟燭
模型用白沙
玻璃粉　適量

01 裁掉露出表面的蠟燭芯。

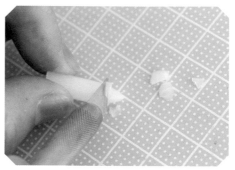

02 像削鉛筆一樣,削出角面形成多角形。

03 製作出各種大小尺寸,成為水晶原型的材料。

04 在塑膠板上將削去的蠟燭屑集中堆成一座山,用烙鐵頭前端的熱融化,要注意不要將烙鐵頭直接接觸到塑膠板。

05 將 03 放在 04 融化的部分黏合。

06 重複 04～05 的步驟,直到做出心中的樣子。

07 完成覆在母岩的水晶原型。

08 將 07 原型蠟燭融化的部分黏在塑膠板上固定。在原型周圍放上倒入矽膠的邊框。

09 倒入透明矽膠。

10 待其硬化。

11 用專用顏料將 UV-LED 膠染色。

12 準備加入 11 的材料。加入玻璃砂等，會改變光折射的樣子，看起來更漂亮。依顆粒大小而有所不同。

13 加入細顆粒的模型用白沙。

14 將 13 與膠水充分混合。

15 在 10 完成的模具加入膠水。一直加滿到膠水流到矽膠模具底部尖端。

16 若溢出矽膠模具，請擦除。

17 用光線照射硬化。

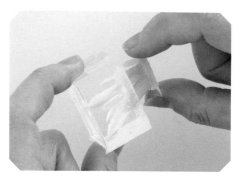

18 硬化冷卻後，從矽膠模具中取出。

19 因為加入細顆粒，所以成品有點乳白色。

20 接下來在膠水中加入玻璃砂。

21 充分混合，整個融合。

22 顆粒較大比較難倒入矽膠模具底部尖端，請一邊確認，一邊倒滿。

23 膠水倒滿的樣子。

24 用光線照射硬化。

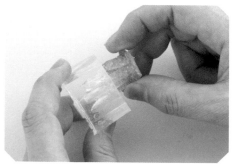

25 等矽膠模具的熱冷卻後再取出。

26 顆粒較大光線折射較明顯。

發光礦石
的作法

材料和尺寸

〈完成尺寸〉高約 30mm×直徑 22mm

〈材料〉

有玻璃粉的膠製部件（適量）

內徑 10×外徑 22mm 圓墊片 1 個

直徑 16mm 沉頭墊片（鑄造品）1 個

直徑 9mm 沉頭墊片（鑄造品）1 個

蠟燭 LED×1 個

01 從下起將直徑大的金屬部件放在底部，由大至小地往上堆疊並用瞬間膠黏合。

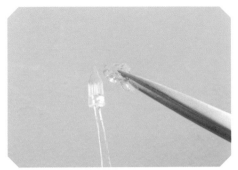

02 事先做好加入玻璃粉的膠製部件，用毛巾包住後用鐵鎚等敲碎。敲碎的膠製部件沾取少量的 UV-LED 膠，並黏在蠟燭 LED 上。

03 將 02 用光線照射硬化。

04 重複黏上敲碎的膠製部件，直到做出心中的形狀和大小。

05 寶石部分完成後，穿過底座，從底部用瞬間膠黏接。從底座穿出的正負端子與電源的正負極相連點亮。

寶物箱的作法

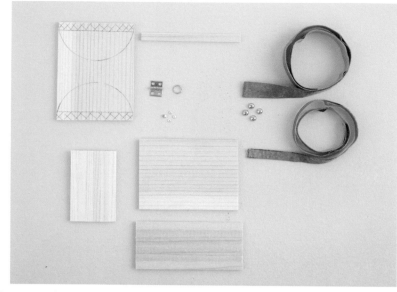

材料和尺寸

〈完成尺寸〉高 50mm×深 48mm×寬 70mm

〈材料〉

鉸鏈：寬 8×10mm 2 個、釘子：直徑 2mm 銀色燙鑽 8 顆、裝飾：寬 5mm 鉛片 800mm 左右、寬 10mm 鉛片 330mm 左右

裝飾：直徑 4mm 銀色燙鑽適量（參考值 96 顆）、直徑 6mm 金屬環 1 個

木材 箱蓋側面：2mm 厚板材 50×120mm 1 片、箱蓋：2mm 厚木條 5×66mm 13 條（參考值）、箱子側面：2mm 厚板材 46×30mm 2 片、箱子前面和後面：2mm 厚板材 70×30mm 2 片、箱底：2mm 厚板材 46×66mm 1 片 ※若要做墊高底座時：1mm 厚板材 44×64mm 1 片、10mm 方形木條 35mm 2 條

※木材都是檜木
※除非有特例，否則黏膠都使用木工膠

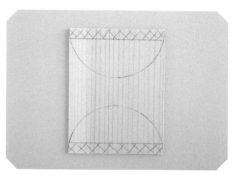

01 描繪 2 個直徑 50mm 的半圓，並且裁切下來。圓弧的部分用磨砂紙修平整。

02 在距離下面 10mm 處裁切捨棄。做出 2 個相同的部件。

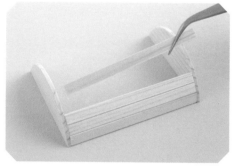

03 將 02 平行放置，2 片之間黏接檜木板。適時調整所需板數。

04 整體用磨砂紙修整，修掉超出兩邊圓弧的檜木條邊角。

05 黏接四個角，製作出箱子外框。

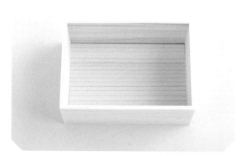

06 將底板黏在 05。

07 將寬 10mm 的鉛片貼在箱子的四個角。
※鉛片若沒有黏膠，則使用瞬間膠或多功能黏膠。

08 裁掉多餘的鉛片。

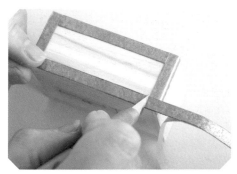

09 箱子的部分，除了四個角以外，貼上寬 5mm 的鉛片，裁掉多餘的部分。

10 為了讓鉛片邊緣和箱子邊緣合為一體，可用硬物磨擦鉛片。

11 剪掉寬 10mm 鉛片的邊角。

12 將 11 黏在箱上，剪掉多餘部分。

13 在 12 黏貼的部分間隔 6mm 開孔。

14 將直徑 6mm 的金屬環剪成一半，用瞬間膠黏在 13 的開孔。

15 將寬 10mm 的鉛片順著蓋子的圓弧黏貼。

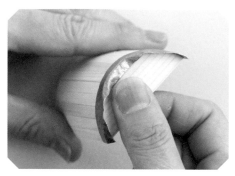

16 從 15 的中心往左右用手指沿著弧線摺下，並且貼合。

17 若 16 的鉛片有鼓起的部分，用鉗子夾扁。

18 將 17 鼓起部分夾扁的樣子。

19 裁掉剩餘部分。

20 另一邊也依照 19 的步驟作業。

21 將寬 5mm 的鉛片黏在 20 的下部。斜切黏貼起點和黏貼終點。

22 另一邊也依照 21 的步驟作業。

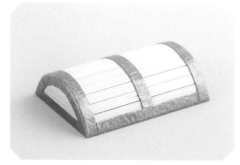

23 將寬 5mm 的鉛片沿著蓋子前後邊緣黏貼。蓋子中央也沿著弧線黏貼。

24 14 的箱子內側。

25 先用瞬間膠將燙鑽黏在鉸鏈。

26 鉸鏈為金色時塗上銀色。鉸鏈本身為銀色時則不須塗色。

27 寬 10mm×長 30mm 的鉛片，裁出寬 1mm×長 8mm 左右的切口。做成蓋子開關扣帶。

28 開關部分的部件很容易鬆脫，加塗上瞬間膠或多功能黏膠，以加強黏著力。

29 黏上開關扣帶，穿過箱子的金屬環。

30 金屬環為金色時先塗上銀色。

31 貼上鉚釘和塗裝前的樣子。

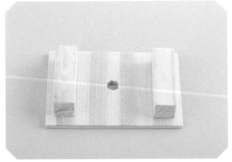

32 墊高底座使用 2mm 厚板材 44×64mm 1 片，黏上 2 隻支架 10mm 方形木條 35mm。如果要加上電源裝飾，需在中央預留配線用的開孔。

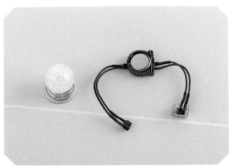

33 若要加上電源裝飾，需準備發光水晶（72 頁）和開關電源（103 頁）。

34 墊高底座裝上發光水晶的樣子。
※墊高底座若要塗色，需在組裝發光水晶前。

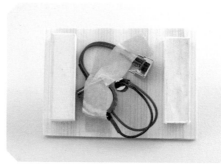

35 電源要收在底下，不要外露。

36 寶物箱外側和內側都塗上 WEATHERING COLOR（WC02 原野棕）。這時刻意將鉛片和燙鑽都塗成斑駁的樣子。

只有塗色的樣款。
塗上黑色打底劑後，再塗上一層混入輔助劑（樹脂砂）的黑色打底劑，並且用壓克力顏料（厚重銀）輕輕拍打上色。

錢幣
的作法

材料和尺寸
〈完成尺寸〉 高 10～15mm 左右
〈材料〉
40×20mm 左右的板材角料
直徑 6mm 鉛片 100 片　適量

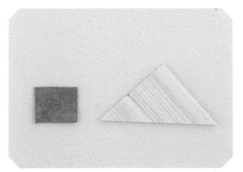

01 準備材料。

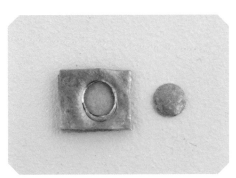

02 用打孔器在鉛片穿出圓片。

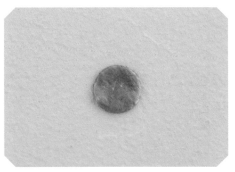

03 用模型顏料（鋼彈麥克筆金色）塗色。

04 堆積在底座上。

05 隨意堆積數枚硬幣，放在寶物箱的角落。

「冒險之屋」的作法

軟木洞窟可以拆除
完成尺寸為高 400mm×寬 500mm×深 600mm
底座使用 MDF 板材
※使用天然材質和粉狀材質，所以可能會沾染到娃娃，擺放時請小心。

材料和尺寸
底座：4mm 厚 MDF 板材 500×600mm 1 片
縱邊框：4mm 厚 MDF 板材 50×600mm 2 片
縱邊框：4mm 厚 MDF 板材 50×492mm 1 片
固定底座：板材角料
塗料　WEATHERING COLOR（WC02 原野棕）

微縮模型所需材料

軟木……用於洞窟和岩山，為天然材質，請參考作品範例切割使用。

乾燥花……綠色當作植栽，樹枝散落在地面使用。

樹皮碎屑……代替岩石使用，建議備齊大小尺寸。

植物材料……使用粉狀和細碎海綿狀。

地面材料……代替泥土的粉末等。小石頭也當作寶石的原型。

固色劑……消光劑用於黏貼植物材料和地面材料，亮光劑用於表現潮濕岩石。

01 準備用於底座的 MDF 板材。在前面以外的三邊黏上寬 50mm 的板材。

02 用軟木片製作洞窟和岩山。決定位置，彼此相嵌般用黏膠將樹皮碎屑並排固定。

03 將軟木片配置成石窟相連岩山。

04 用小鋸子裁切軟木片，修整形狀。